爱上组合盆栽

花草为伴

17位人气园艺师的四季混栽提案

日本FG武藏　编著
佟　凡　译

OUR
GARDEN
In the Summer
it consumes us,
in the Winter
we consumer it.

Contents 目 录

色彩搭配术

春天的混栽

夏天的混栽

间室绿女士

加地一雅先生（中）

黑田健太郎先生

野里元哉先生

鸭下文江女士

坂下良太先生

若松则子女士

神藤知治先生

植田英子女士和
西村美纪女士

今村初惠女士

上田广树先生

伊丹雅典先生

土谷真澄女士

岛崎真有女士

井上园子女士

真海真弓女士

冷色基调

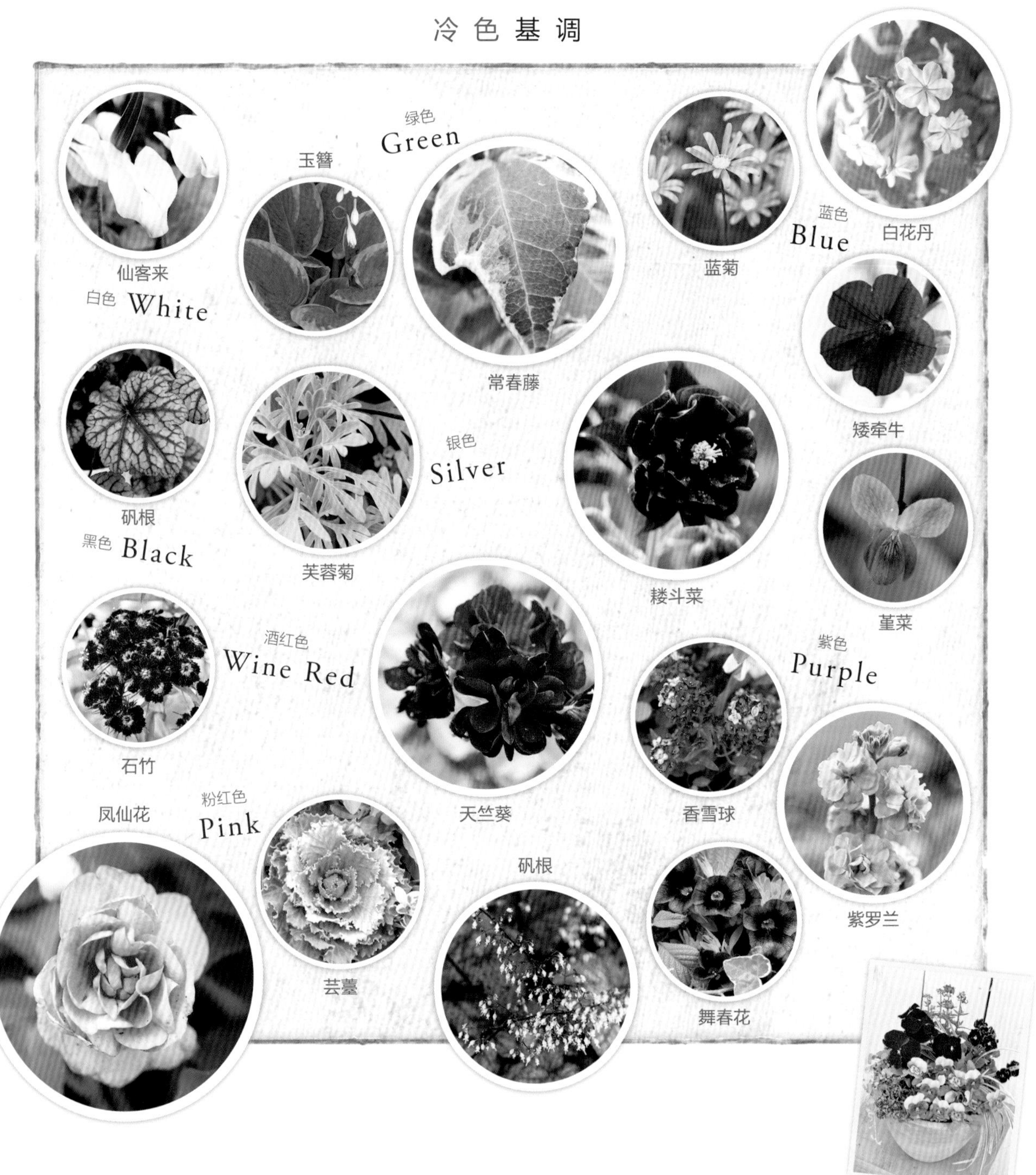

色彩搭配术

Color coordination method

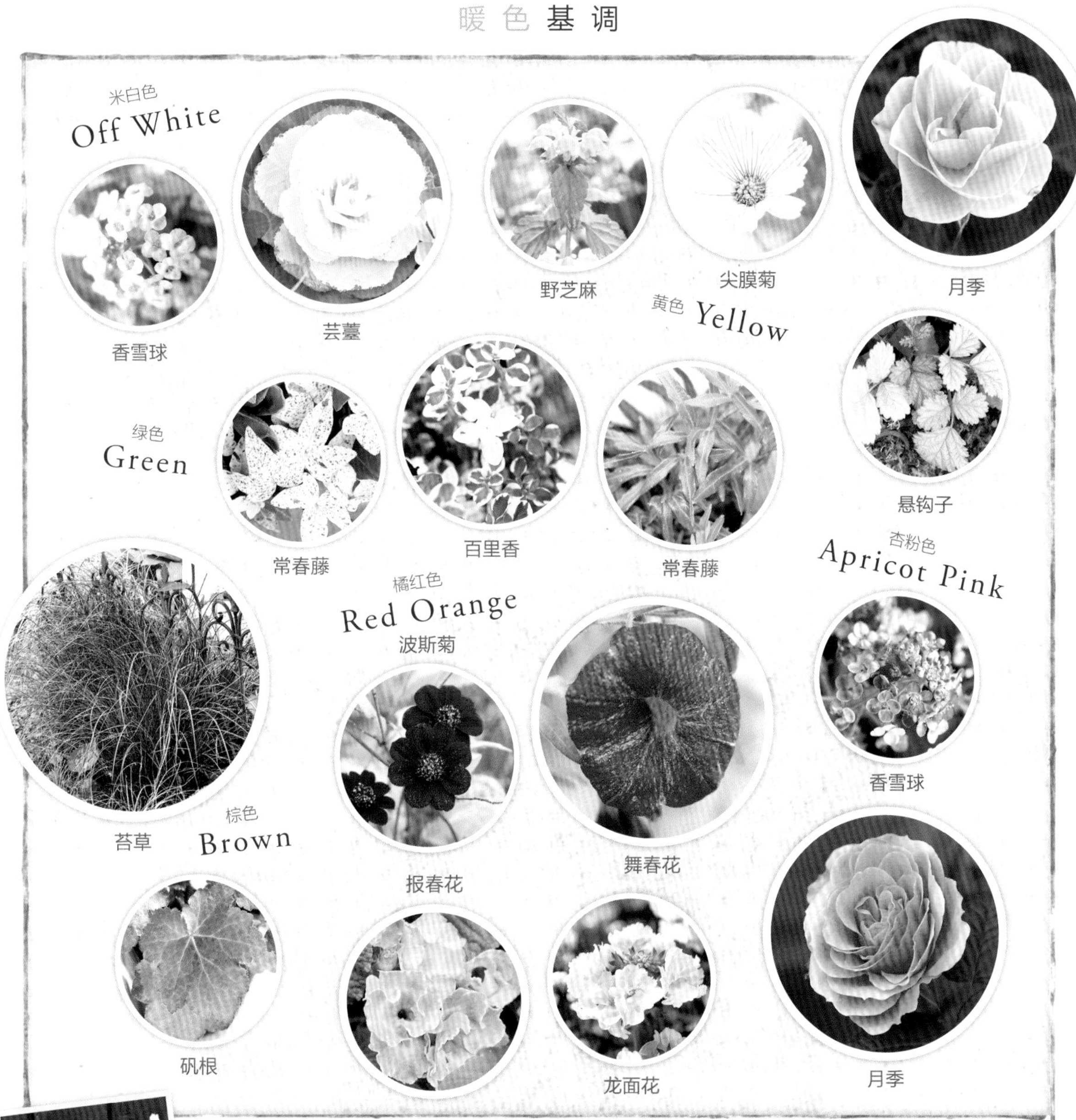

色彩搭配是关键

让混栽水平更上层楼的色彩搭配诀窍

将各种花卉混栽很有意思。但有时尽管加入了各种心仪的花苗，成品盆栽却依然不够漂亮。这时，也许花色搭配不理想就是问题所在。为了打造色彩美丽的混栽作品，我们向园艺店“SANIBERU”（位于日本埼玉县吉见町）的色彩专家间室绿女士咨询了色彩搭配的诀窍。

了解色彩基础、色彩搭配

为了在种类丰富的花草中选出符合自己要求的混栽用花苗，掌握植物搭配的诀窍十分重要，其中最重要的就是色彩搭配诀窍。让我们一起来学习色彩搭配的基础知识吧。

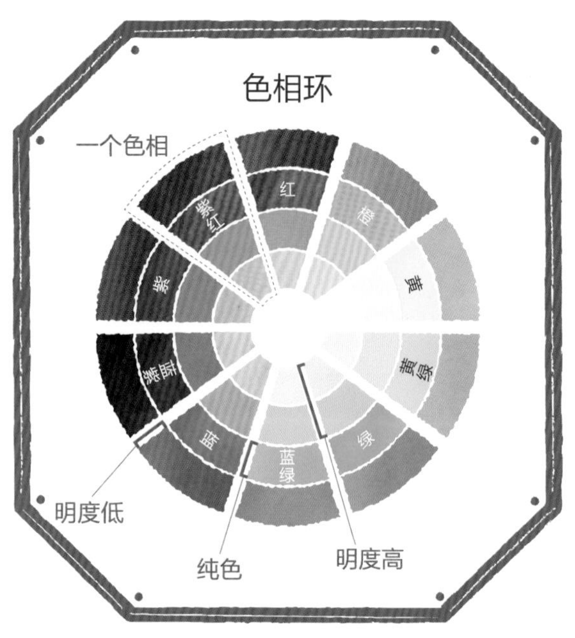

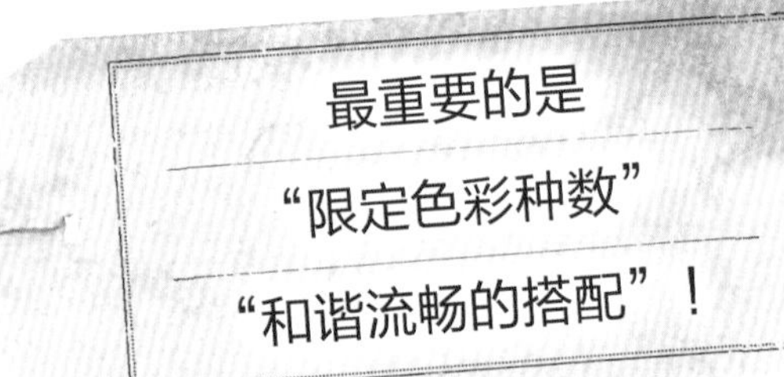

了解颜色的种类

颜色有无数种，本书将颜色分为“红、橙、黄、黄绿、绿、蓝绿、蓝、蓝紫、紫、紫红”，以这些纯色为基础进行说明。纯色指的是不与黑色或白色混合的鲜艳颜色。纯色加了白色后会成为淡色系，给人淡雅、明亮、柔软的印象；加了黑色后会变暗，成为有厚重感的深色系。淡色系一般被称为“明度高”的颜色，深色系一般被称为“明度低”的颜色。巧妙地组合运用不同明度的颜色能够营造沉静感及纵深感，体现多重层次。

最多使用两三个色相中的颜色

一种纯色的不同明度变化的颜色组合被称为一个色相。混栽色彩搭配的基本要求是最多使用两三个色相。因为使用的颜色过多容易让作品显得凌乱。虽说要使用两三个色相，但并非只选用自己喜欢的颜色。色彩搭配的关键在于先决定主色，然后选出与主色协调的色彩及衬托主色的颜色。

营造色彩的流动感

差别较大的色相放在一起会互相干扰，通过插入两个色相之间的颜色可以让色彩过渡变和缓，营造出流动感。这种流动会成为充满设计感的“跃动感”，能够让混栽作品呈现自然的姿态。

4

了解色彩基调

所有颜色根据基调可以分为两组：一组是偏蓝的冷色基调，给人冷静整洁的感觉；另一组是偏黄的暖色基调，能让人感觉自然和温暖。选择同样基调的颜色进行组合能更好地突出混栽作品的风格。

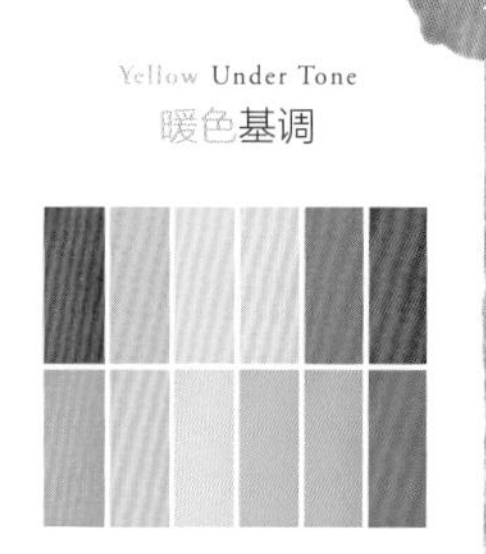

从下一页开始，将介绍具体方案。▶▶▶

使用容易统一的同系色、类似色
让混栽作品显得整洁

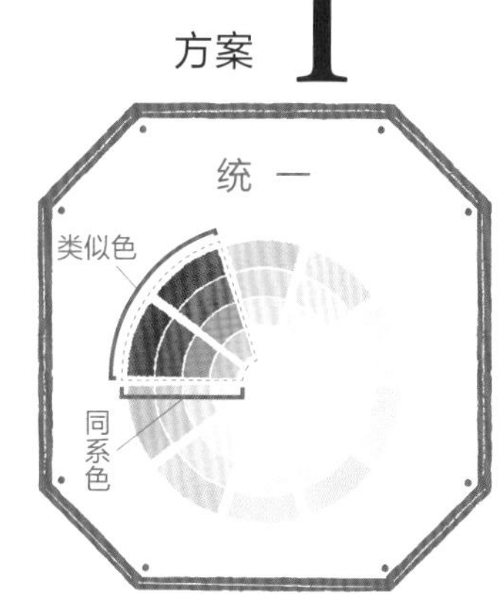

当您为选择颜色而苦恼时，请先尝试使用同系色及类似色。

同系色是指同一色相中明度不同的颜色。

类似色是指在色相环中相邻色相中的颜色。

色相相近的颜色搭配起来比较协调，建议初学者采用这种方法。

但是颜色统一会给人规矩的感觉，不容易令人印象深刻。

【使用植物】三色堇“米尔福（Milfull）”、三色堇“酒红褶边”、三色堇“褶边磨坊系列（Frill Moulin series）”、龙面花（粉色）、香雪球（紫色）、匍枝白珠、矾根“糖霜（Sugar Frosting）”、黑沿阶草、亚洲络石“初雪”

B 明>暗

【使用植物】三色堇“米尔福”、三色堇（浅紫色）、三色堇（红色）、龙面花（粉色）、香雪球（紫色）、芒、银马蹄金“银瀑（Silver Falls）”

明度配比决定印象

作品 A、B 将红、紫红两个色相颜色的植物混栽。作品 A 中多使用明度低的颜色，营造出沉稳的氛围。作品 B 中增加了明度高的颜色，使之产生对比，增加冲击力。通过改变明度的配比就能改变植物给人的印象。

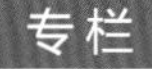

花盆也要统一颜色基调

橙色系和黄色系自然属于暖色基调，灰色等单色属于冷色基调。容器与植物保持同样的基调能提高统一感。混合了冷暖两种色调的花盆和浅色容器可以搭配任意基调的植物。

冷色基调，可以！

暖色基调，可以！

两者都可！

使用互补色加深印象，增加张力

方案 2

想要创造出有冲击力的混栽作品时，请选择互补色的色彩搭配方案。互补色是指在色相环上方向相对，互成 180° 角的两种颜色，也称反转色。利用色相差产生对比，能起到相互衬托的作用。

如果能巧妙利用对比效果，就能让作为主角的花卉更加鲜明。

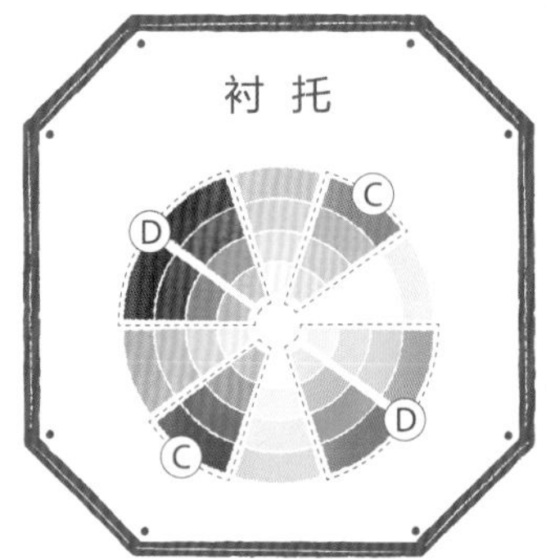

Ⓒ 橙色 × 蓝色

【使用植物】三色堇“新浪潮　三色堇的革命”及其他两种三色堇、斑叶灌木迷南香、报春花“桃子奶酥”、千叶兰“聚光灯（Spotlight）”

Ⓓ 紫红、紫 × 黄绿

【使用植物】三色堇“米尔福 · 酒红褶边”、三色堇（浅紫色）、三色堇（红色）、龙面花（粉色）、芒、圆叶过路黄“金光（Aurea）”、香雪球（紫色）

利用花朵间或花与叶的互补色

作品 C 利用了橙色与蓝色的色彩搭配。茎偏紫的斑叶千叶兰“聚光灯”自然而然地为两种颜色提供了中间色，巧妙地营造出流动感。作品 D 使用了紫红色的同系色彩搭配方法，并使用大量明亮的黄绿色叶子使之富于变化。

专栏

搭配不同颜色基调

前面已经说到了颜色基调的重要性，如果选择相同基调的植物，混栽作品将缺乏颜色变化，没有深度。加入少量不同基调的色彩可以使颜色相互衬托，突出混栽作品的重点。这种搭配方法很考验个人品位。

在温暖的橙色系、黄色系花朵中加入偏蓝的雪叶菊，可以让整体显得紧凑。

选择不突兀的色彩搭配

方案 3

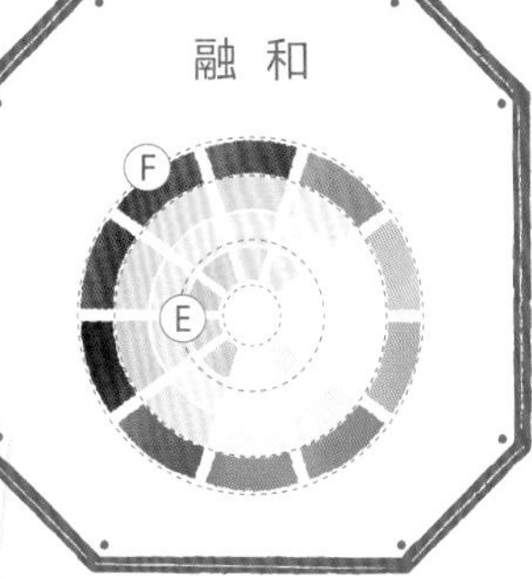

在一盆混栽作品中加入过多色相会使其显得杂乱无章。不过，明度高的淡色系（粉彩色）和明度低的深色系同时出现在花盆中时，不但不会形成对比，不同色相之间也不会产生冲突。但是，由于这种搭配缺乏色彩变化，需要通过花和叶子的形状和质感来增加作品的表现力。

E 淡色系

【使用植物】三色堇“米尔福 · 古董皱边”、报春花“麝香葡萄果冻（Muscat Jelly）”、三色堇“苏打（Soda）”、龙面花（紫色、白色）、报春花“葡萄果实（Grape Fruit）”、香雪球（紫色、杏色、黄色）、羽衣甘蓝“家庭（Family）”

F 深色系

【使用植物】矾根（铜叶）、三色堇（黑色）、黑沿阶草、矾根“黑莓酱（Blackberry Jam）”、臭叶木“晚霞（Evening Glow）”、长叶木藜芦、筋骨草“彩虹（Rainbow）”

统一明度营造出整体感

作品 E 集合了明度高的花色，给人温柔的印象。虽然看上去充分融合，其实用到了橙色、黄色、紫红、紫、蓝、黄绿六个色相中的粉彩色。混栽 F 在红、紫红、紫、蓝、橙 5 个色相中加入黑色，是低明度的色彩搭配，营造出浑厚的印象。

色彩搭配师

【监督 · 提案】

间室绿女士

色彩学家，园艺商店“Sunnyvale”的经理。她于大学毕业后在北欧学习园艺，回日本后又学习了色彩搭配和个人色彩。她现在是讲师，经常参与园艺讲习会、园艺节目等。

Sunnyvale
日本埼玉县比企郡吉见町谷口 205

专栏

浅色容易搭配

清爽的浅绿色是黄色到黄绿色的中间色相，因为兼顾暖色调和冷色调特质，所以它与两种色调的花色都能搭配。

报春花

烟草

春天的混栽

在微风中摇曳的姿态充满魅力
在明媚阳光下闪耀的盆栽花园

春天是植物在温柔的阳光下恢复生机的季节，是庭院还没有迎来百花盛开的时期。在尚且缺乏色彩的寂寥之地，用盆栽让春天热闹起来吧。这里我们将使用同种材料的花盆完成两种风格迥异的作品。

混栽方案：若松则子女士　摄影协助：Garden & Crafts Cafe

Kitchen tool 厨具

自然 *Natural*

植物清单

1 堇菜
2 羽叶薰衣草
3 牛至“肯特美女（Kent Beauty）”
4 绵毛水苏
5 新风轮

※ 周围使用了苔藓

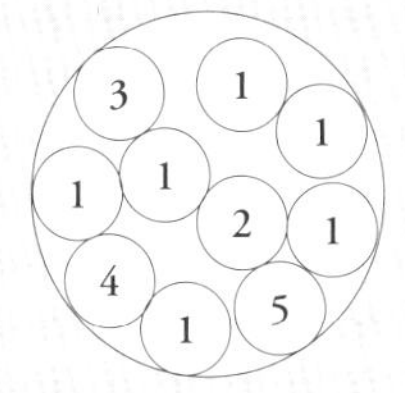

简单的器皿搭配精致的花朵，营造出清纯的氛围

将两种紫色的花组合在一起，既显成熟又惹人怜爱。新风轮和牛至“肯特美女”等的叶子使花朵的颜色变亮了。花器是个古董厚铝滤锅，它的简洁与植物的野趣盎然相得益彰，使它更有存在感。

如蝴蝶飞舞般摇曳的小菊花

在淡蓝色的滤锅中，将颜色、形状和质感不同的叶子组合后，植物显得格外繁茂。鹅河菊鲜艳的花色轻柔散开，枝条下垂的野草莓、普通百里香增加了轻盈的动感。这是能让人联想到春日原野的作品。

植物清单

1 鹅河菊（粉紫红色）
2 野草莓
3 普通百里香
4 绵毛水苏

※ 周围使用了苔藓

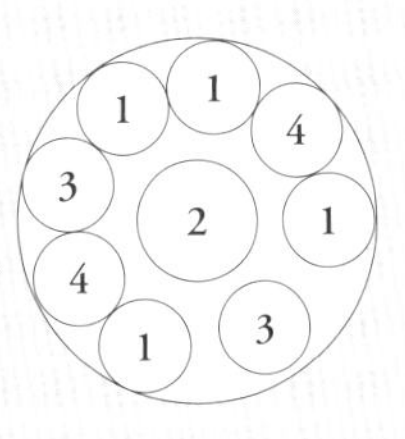

Kitchen tool

厨 具

看到滤锅，会让人产生休闲之感。不锈钢或搪瓷等质地的洁净容器，与轻盈的植物很配。

满满的春色即将喷涌而出

复古的马口铁喷壶上喷涂了英文字母，增加趣味性。黄色、蓝色、白色的花朵在马口铁质感的衬托下愈发清爽。常春藤和野草莓堆积出充盈的绿色，使之完成了耐看的作品。

植物清单

1 朱丽报春（黄色）
2 蓝菊
3 八女津姬（白色）
4 野草莓
5 常春藤
6 多花素馨“银河系（Milky Way）”

5
3
2
4
1
3
6
5

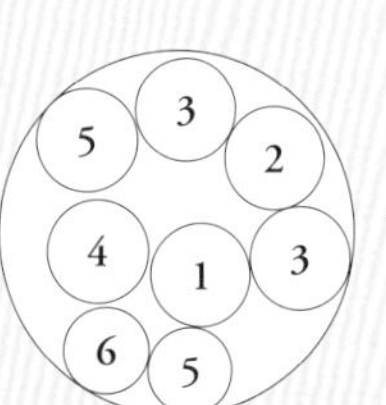

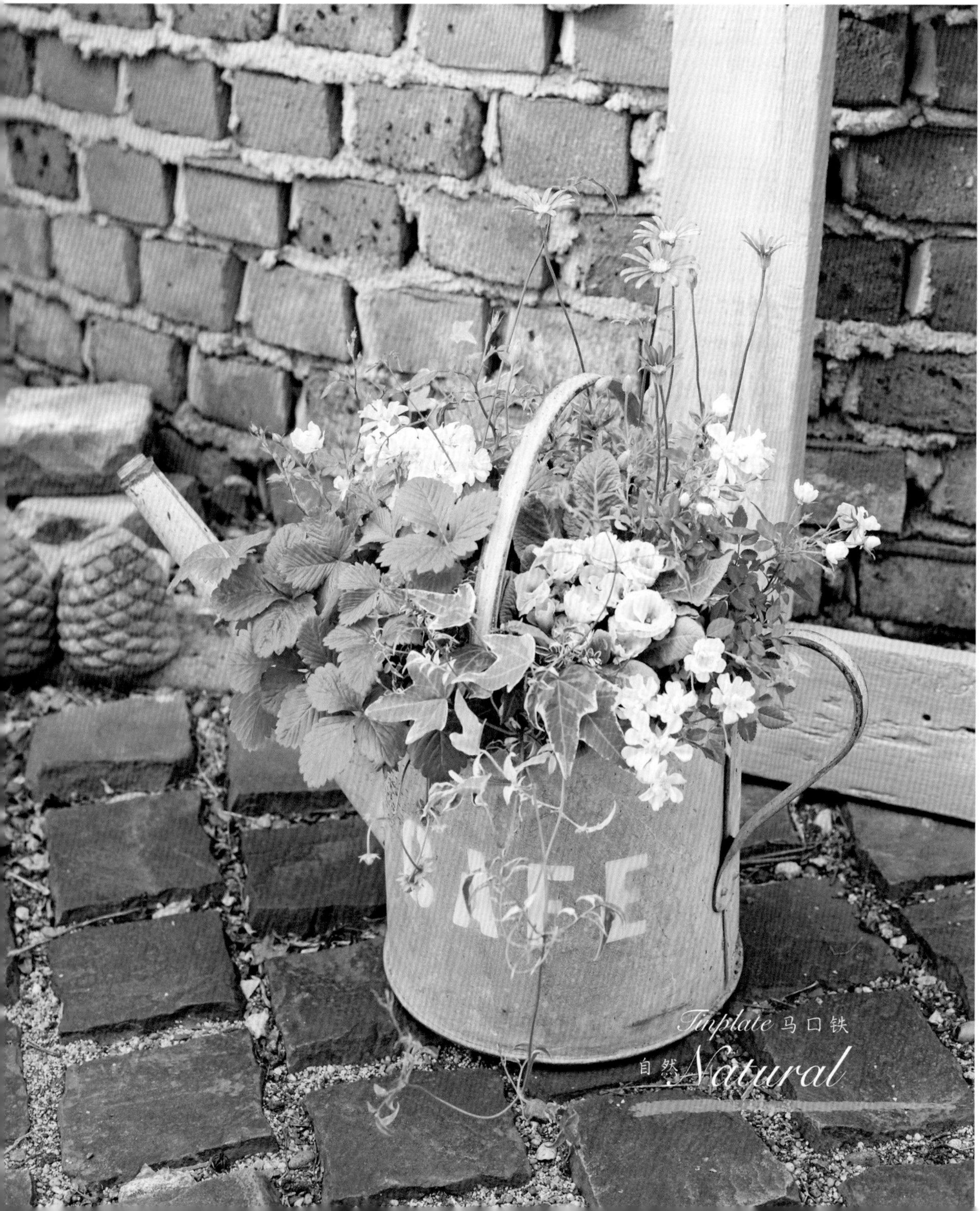

Tinplate 马口铁
自然 Natural

Tinplate 马口铁
雅致 Chic

植物清单

1 花毛茛（橙色）
2 花毛茛（粉色）
3 花毛茛（红色）
4 花毛茛（绿色）
5 马丁大戟“黑鸟（Blackbird）”
6 苹果桉
7 甜菜“公牛血（Bull’s Blood）”
8 匍枝南芥
9 婆婆纳“牛津蓝（Oxford Blue）”
10 斑叶新风轮

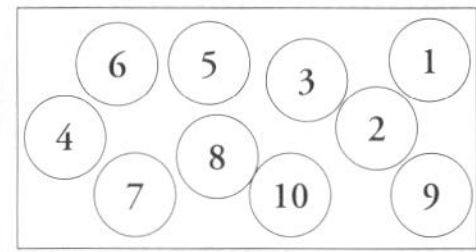

巧用对比度，形成细腻的色彩搭配

以“红 + 青柠绿”这组互补色为基础，搭配深蓝和亮蓝增加层次感和冲击力。将破旧风的马口铁金属盒与花毛茛形态优美的花容搭配，既不会过于休闲也不会过于优雅，可展现出成熟的华丽感。

Tinplate

马口铁材质的金属盒

散发出怀旧感的马口铁材料是做旧式搭配中的常规素材，不同的用法可以孕育出不同的韵味。它与植物搭配和谐，是很好的衬托角色。

与花盆搭配平衡的艳丽花卉组合

在图案素雅的雅致金属盆中搭配了三种骨子菊和观叶植物。黑沿阶草、铜叶的金鱼草、马丁大戟“黑鸟”等深色植物形成阴影，让盆栽整体显得紧凑。开白色小花的紫一叶豆脱颖而出，营造出立体感。

Terra cotta

赤土陶器

赤土陶器多种多样，从朴素的到装饰性强的，应有尽有。另外，陶器的重量感能给场景带来安定感。

植物清单

1 骨子菊“晃（Akira）”（深粉）
2 骨子菊“晃”（粉色）
3 骨子菊“赤城交响曲（Akagi Symphony）”
4 紫一叶豆（白色）
5 临时救“午夜太阳（Midnight Sun）”
6 金鱼草“青铜龙（Bronze Dragon）”
7 马丁大戟“黑鸟”
8 黑沿阶草

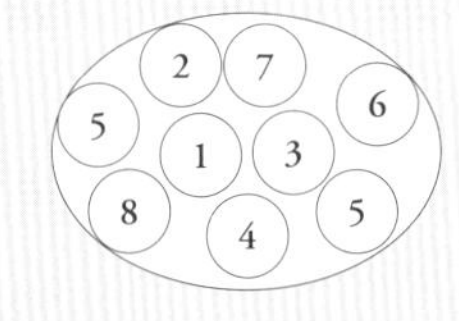

Terra cotta 赤土陶器

雅致 *Chic*

Terra cotta 赤土陶器

自然 *Natural*

容器与植物的对比能增强作品的冲击力

这是以黄花的骨子菊和异果菊作为主角，令人心情激动的一盆花。以樱草“温蒂青柠绿”、无味金丝桃“夏日黄金”和洋常春藤等色彩明亮、线条纤细的植物镶边。深绿色的金属花盆与简洁的色彩搭配，使作品显得干净利落。

植物清单

1 骨子菊“阿曼达（Amanda）”（黄色）
2 异果菊（黄色）
3 樱草“温蒂青柠绿（Winty Lime Green）”
4 白鼠尾草（*Salvia apiana*）
5 无味金丝桃“夏日黄金（Summergold）”
6 洋常春藤“白雪公主（Snow White）”

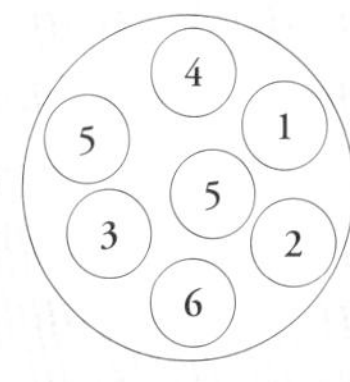

方案设计者

若松则子女士

她是吊篮园艺专家，绿植咨询师，也是园艺工艺品咖啡厅（Garden & Crafts Cafe，在日本东京都立川市）每月举办五次的混栽讲座的专职讲师。她擅长成熟雅致的混栽风格。

专栏

让植物演绎时间流逝

若松女士说：“设计混栽作品时要让植物和容器融合，这样刚刚完成的作品也能展现出自然的姿态。”她使用生有伸展的藤蔓和蓬松下垂的枝条的植物，完成了自然而充满动感的作品。

蓬松的婆婆纳“牛津蓝”垂下的藤蔓有助于营造出动静相宜的场景。

凝聚季节的气息

春光融融的混栽

这是阳光明媚，动植物开始活跃的季节。让我们将春天的喜悦装入小巧的花盆中，创造出可爱的景色吧。本部分将为您介绍三种不同主题色彩的混栽作品，虽然它们朴素而小巧，但绝对值得一看。

混栽方案：鸭下文江女士　摄影协助：old maison

主要花卉

骨子菊“火烈鸟”

辅助植物

阔叶百里香
“福克斯利”

生菜等

植物清单

1 骨子菊“火烈鸟（Viento Flamingo）”
2 阔叶百里香“福克斯利（Foxley）”
3 生菜（分株种植）
4 红甜菜（分株种植）

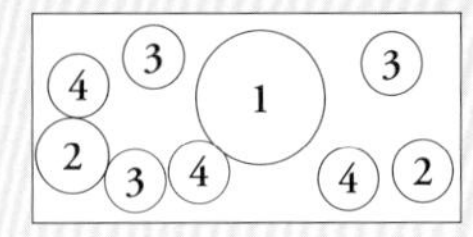

高角度拍摄

用细腻的橘粉色打造出“成熟的可爱”

用象征春季的新鲜小苗和纤细的阔叶百里香“福克斯利”围住大株骨子菊。深色的叶子衬托骨子菊充满魅力的中间色，增加层次感。收获长成的蔬菜同样是一种享受。

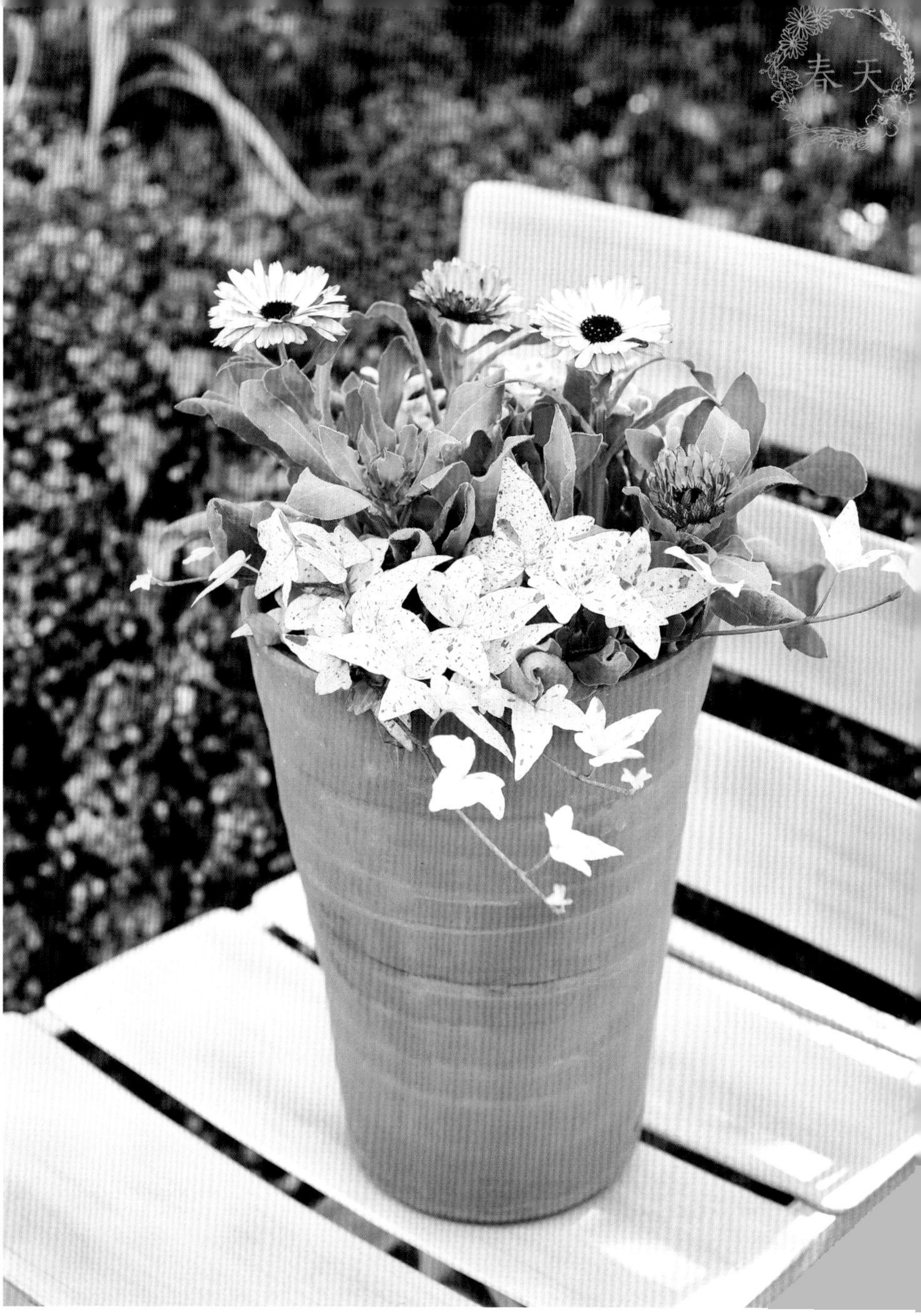

主要花卉

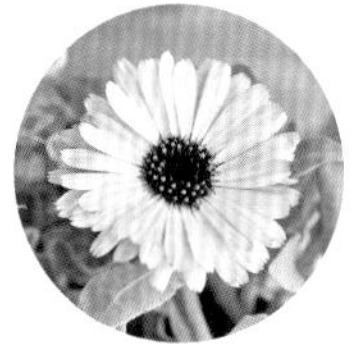

金盏花“金发美人”

＋

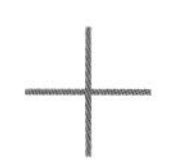

辅助植物

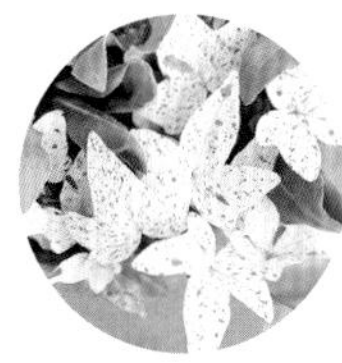

洋常春藤“白雪公主”

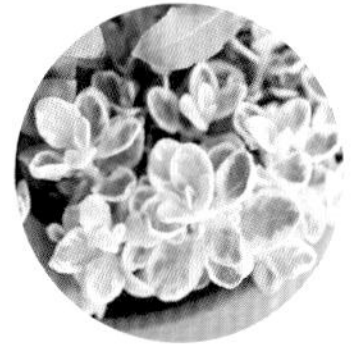

斑叶蜡菊

植物清单

1 金盏花“金发美人（Bronze Beauty）”
2 洋常春藤“白雪公主”
3 斑叶蜡菊（*Helichrysum petiolare*‘Variegatum’）

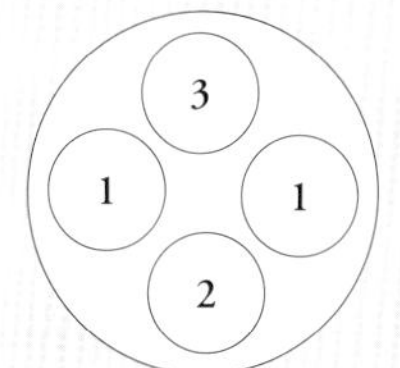

高角度拍摄

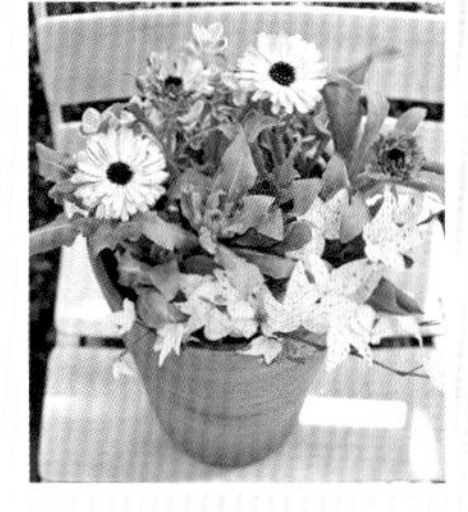

用叶子衬托“表情”多彩的花卉

金盏花“金发美人”的花瓣正面是浅橙色的，背面是深红褐色的。随着时间的推移，花朵的“表情”会不断变化。花朵与同色系的赤土陶器相辅相成，同时简洁温暖的花盆边垂下了带斑纹的明亮叶子，这使作品在色调和形态上皆具亮点。

温暖的色彩

提到有春日气息的暖色，大家都会想到维生素颜色（译者注：富含维生素C的柑橘类果实的颜色，如黄色、橙色）和粉彩色。这盆混栽作品将不同韵味的成熟春色装入自然的容器中，植物朴素而雅致的姿态魅力十足。

Warm Color

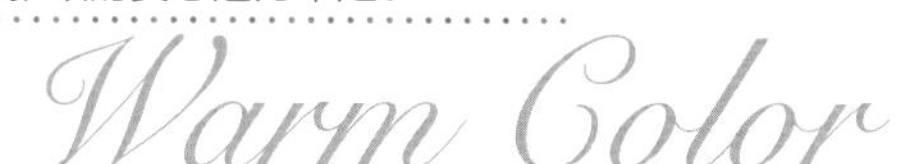

主要花卉

盾叶天竺葵“布兰奇·罗氏”

辅助植物

天竺葵“金砖”

斑叶沿阶草

“白色 + 绿色”的配色与简洁成熟的花盆

以盾叶天竺葵“布兰奇·罗氏”的白色花朵和深绿叶子为基础，充分利用色彩明亮的叶子，组合出清爽的白色到绿色的渐变色。花与叶子的不同质感与玻璃瓶的线条完美协调。为了不打破这份平衡，利用简洁的深色花盆在下方将作品形态收紧。

植物清单

1 盾叶天竺葵“布兰奇·罗氏（Blanche Roche）”
2 斑叶沿阶草（*Ophiopogon caulescens* ‘Variegatus’）
3 洋常春藤“白雪公主”（分株种植）
4 天竺葵“金砖（Golden Nugget）”

高角度拍摄

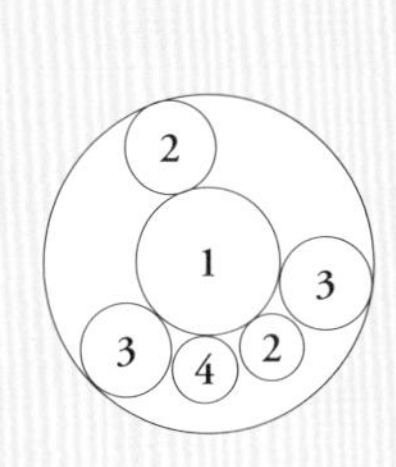

雅致的色彩

以白色为主色调，搭配深色和绿色。重点在于控制色彩的鲜艳度，营造出洗练的氛围。选择简洁高雅的容器，与植物组合成一个完成度很高的作品。

Chik Color

白色与深色搭配，展现出高雅的风情

屈曲花多被用做配角，在这里却成了主角。铜叶衬托着蕾丝般可人的屈曲花，增加了成熟感；而西班牙薰衣草“丘红”的深粉色营造出雅致和可爱的氛围；搭配浅色花盆可增加洁净感。这是一盆巧妙控制甜美度的混栽花卉。

植物清单

1 屈曲花
2 矾根“黑曜石（Obsidian）”
3 西班牙薰衣草“丘红（Kew Red）”
4 车轴草

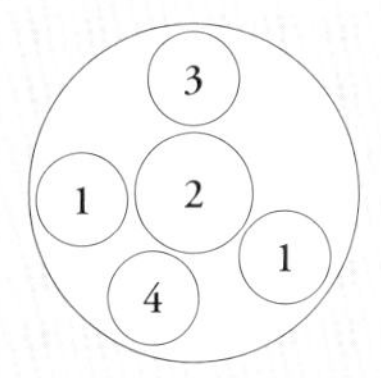

高角度拍摄

主要花卉

屈曲花

辅助植物

矾根“黑曜石”

西班牙薰衣草“丘红”

Pastel Mix Color

混合粉彩色

当粉色和奶油色等粉彩色交织在一起时，春日的气息就会扑面而来。渐变的深色花朵也能完美融入，不会破坏粉彩色的氛围。打造姿态轻盈的作品，强调楚楚可人的特点。

植物清单

1 木茼蒿“夏日之歌（深玫瑰红）（Summersong Deep Rose）”
2 金叶金钱蒲
3 铜叶金鱼草
4 亚洲络石“初雪”（分株种植）

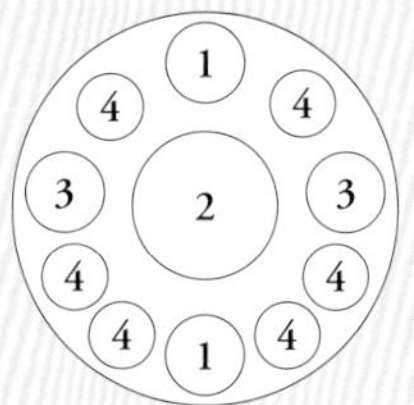

高角度拍摄

可爱的吊篮盆栽，深粉色引人注目

以颜色由深到浅渐变的可爱木茼蒿“夏日之歌（深玫瑰红）”为主角，铜叶金鱼草和淡粉色的美丽亚洲络石“初雪”包围在四周，能欣赏到整体颜色的渐变效果。金叶金钱蒲明亮的纤细叶子“勾勒”出清晰的线条，给吊篮增添了动感和朝气。

主要花卉

木茼蒿“夏日之歌（深玫瑰红）”

辅助植物

铜叶金鱼草

亚洲络石“初雪”

主要花卉

假匹菊“精灵粉”

蓝盆花

辅助植物

硬毛百脉根“硫黄”

在风中摇曳的混栽作品，花姿是设计的关键

将两种细长花序梗上开着可爱花朵的植物搭配，打造出能让人感受到春风的混栽作品。下方堆满了质感柔软的硬毛百脉根“硫黄”的金色叶片，让两种不同的叶片巧妙融合。刷成蓝色的长条花盆有复古气息，增加了可爱度。

植物清单

1 蓝盆花
2 假匹菊“精灵粉（Elf Pink）”
3 硬毛百脉根“硫黄（Brimstone）”
4 常春藤

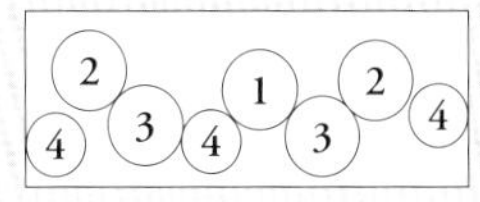

高角度拍摄

方案设计者 鸭下文江女士

她是一位园艺艺术家，秉承“任何人都能轻松完成，且都品位优秀”的想法，提出了各种为生活增光添彩的混栽方案。人们常在园艺杂志和电视节目上看到她。

专栏

小花苗更方便使用

制作小型混栽作品的关键在于不要塞进过多花苗。小花苗更容易打理，各花苗也更容易和谐共处。较大的花苗可以分株使用。

上图：与左侧普通的花盆相比，右侧的花盆直径更小，高度更高，更方便栽种，花苗也容易适应。
下图：没有长出小苗的天竺葵，可以通过扦插使植株紧凑。

甜美、高雅、可爱、充满喜悦

微型月季组成的华丽混栽

众多尽管小巧但存在感强的微型月季因其独特的花形，难与其他草花搭配。本部将就“高雅”和“自然”两种风格，为大家介绍微型月季与其他草花的美丽搭配。

混栽方案：黑田健太郎先生

在棕色的铁质花篮中搭配四种复古风格的微型月季，打造出成熟的混栽作品。黄色月季和彩色叶子增加了明快感，营造出活泼的氛围。背景中的砖墙与铁质花篮搭配和谐，同时更衬托出混栽作品的美丽。常春藤覆盖花篮边缘，增加了柔软的印象。

植物清单

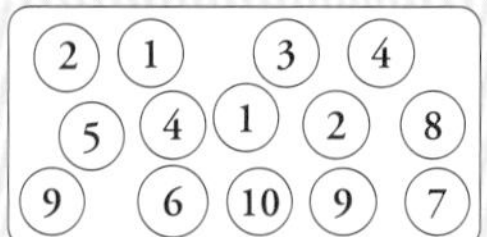

1 月季“玛莎（Martha）”
2 月季“永远的纳博讷（Narbonne Forever）”
3 月季“永远的加泰罗尼亚（Catalunya Forever）”
4 月季“永远的巴塞罗那（Barcelona Forever）”
5 硬毛百脉根
6 茅莓“阳光传播者（Sunshine Spreader）”
7 除虫菊
8 洋常春藤“达帕塔（Dealbata）”
9 洋常春藤“科拉（Cora）”
10 常春藤“小羽毛（Tiny Feather）”

月季

“玛莎”

“永远的纳博讷”

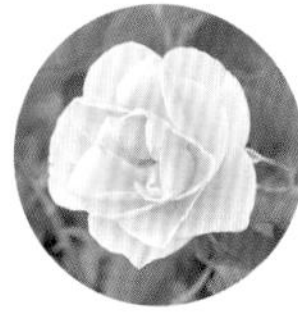
“永远的巴塞罗那”

“永远的加泰罗尼亚”

增趣植物

茅莓“阳光传播者”

优雅

精选能突显品位的优雅品种，利用色彩搭配呈现出成熟气息。女性化的氛围给这片区域带来光彩夺目的气氛。

Elegant

这是搭配了浓淡相间的黄色月季，给人清爽感的吊篮作品。以丰满的杏色微型月季为主角，搭配拥有流畅线条的洋常春藤“科拉”，营造出优雅的氛围。将之挂在明亮的位置更能突显清爽花色之美。花朵沐浴在春日温和的阳光下绽放光彩。

植物清单

1 月季“永远的海德堡（Heidelberg Forever）”
2 月季“永远的圣马力诺（San Marin Forever）”
3 月季“薇薇（Vivi）”
4 多花素馨“银河系”
5 洋常春藤“科拉”

3
3
4
5
1
2
2
5
2
4

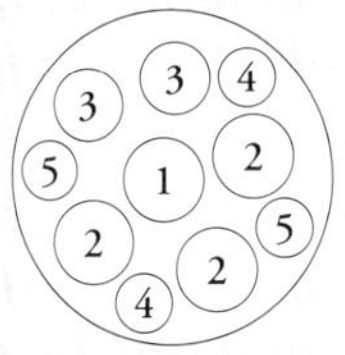

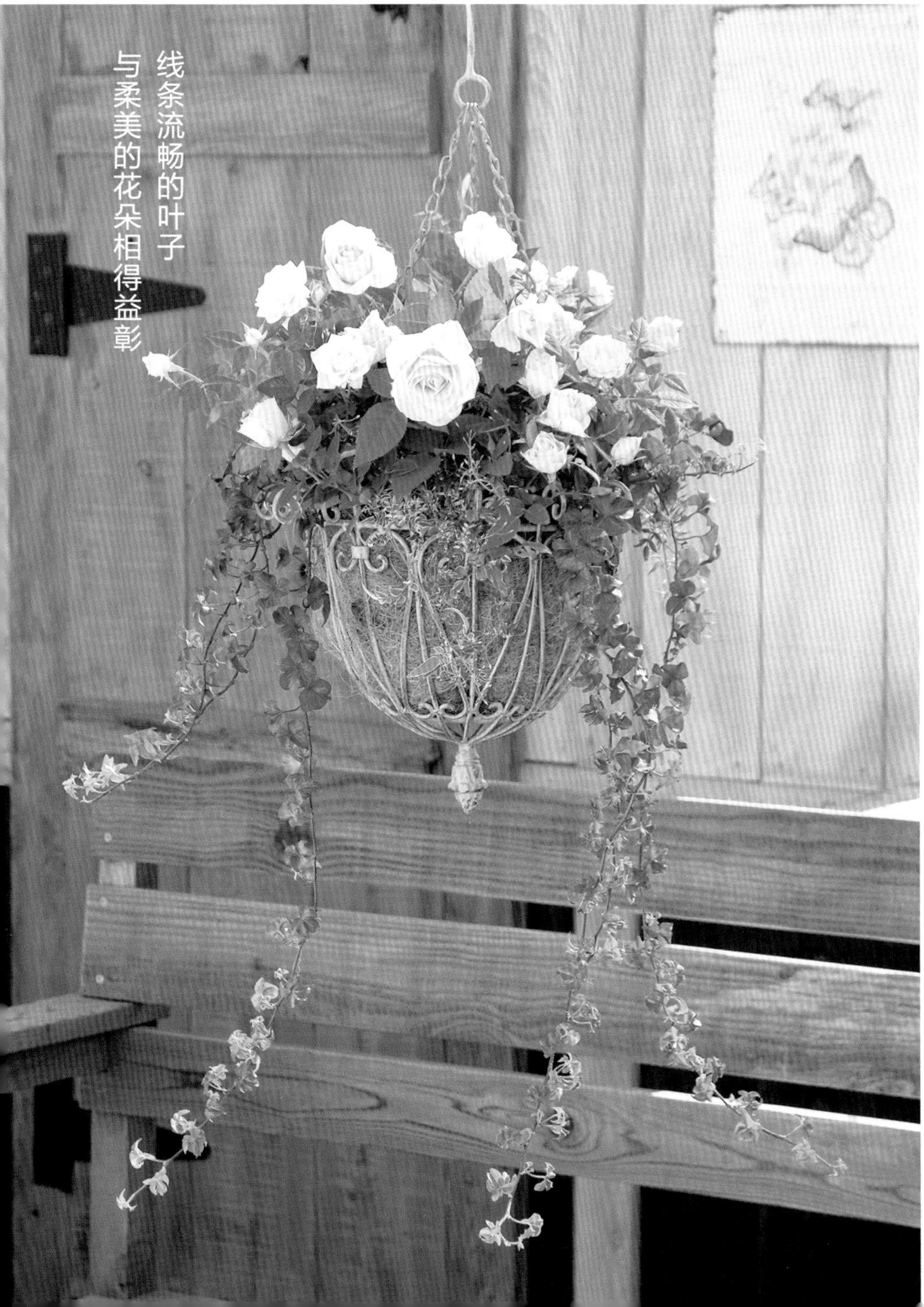

线条流畅的叶子
与柔美的花朵相得益彰

月季

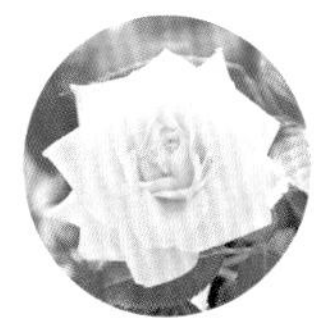

“薇薇”

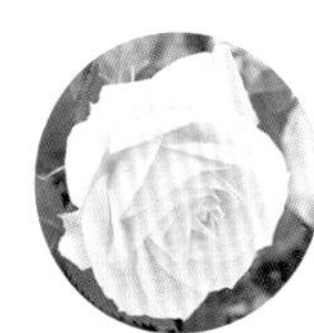

“永远的海德堡”

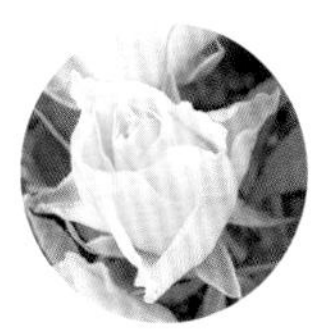

“永远的圣马力诺”

＋

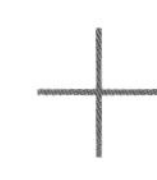

增趣植物

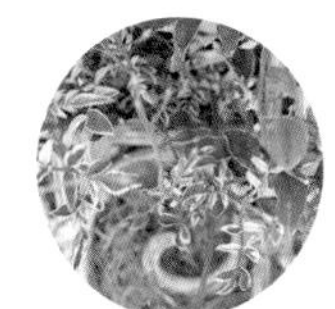

多花素馨
“银河系”

月季

“公主之路”

“维也纳”

“永远的帕多瓦”

“哥本哈根”

增趣植物

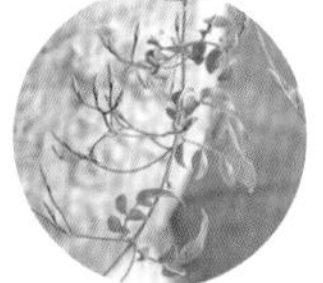

多花素馨

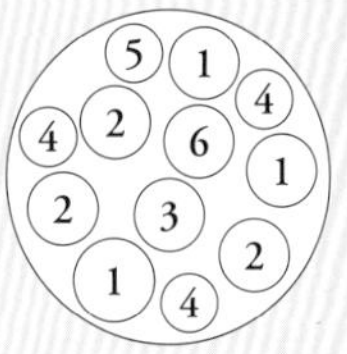

像法式花束一样紧凑而艳丽

植物清单

1 月季“永远的帕多瓦（Padua Forever）”
2 月季“公主之路（Princess Road）”
3 月季“哥本哈根（Copenhagen）”
4 多花素馨
5 洋常春藤“科拉”
6 月季“维也纳（Vienna）”

较高的大花盆中种满了四种月季。不同浓淡的花色分出层次，给人活泼的印象。茂盛的月季体积不输于大花盆，多花素馨和洋常春藤“科拉”的藤蔓增加了动感，让整体更加轻盈。搭配白色的花盆可消除沉重感。

在微风中摇曳，让人联想到春日原野的温柔混栽

月季

"八女津姬"

＋

增趣植物

佩特里铁线莲

香雪球

薜荔"雪花"

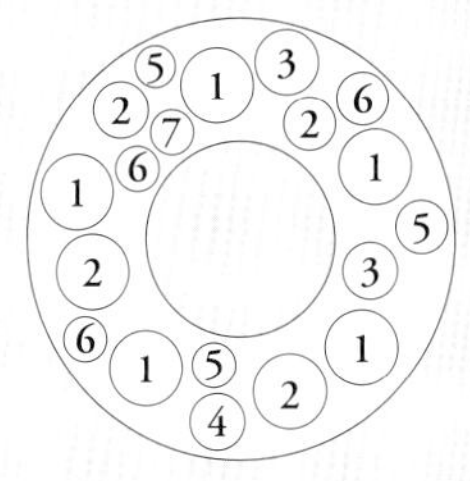

植物清单

1 月季"八女津姬（Yametsuhime）"
2 佩特里铁线莲（*Clematis petriei*）
3 香雪球
4 雪朵花
5 千叶兰
6 薜荔"雪花"
7 常春藤

甜甜圈形状的篮子中点缀着花形独特的微型月季和春意盎然的小花，柔软蓬松又可爱。白花的佩特里铁线莲和带斑纹的薜荔"雪花"、千叶兰可突出纤细之感。紫色的香雪球提亮柔和的花色，增添了变化。

自然

Natural

选择不过分出挑的品种，
搭配朴素的容器，营造出自然的气息。
适合将之融入庭院景色，打造出治愈心灵的场景。

利用简洁的搭配完成艺术品般的作品

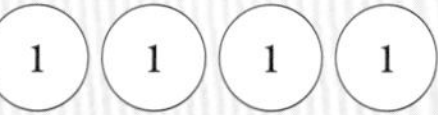

1 月季“维也纳”

这是在每个刷成钴蓝色的空罐子中种上一株白色微型月季后将之凑在一起的混栽作品。虽然油漆与拉菲草绳带来破旧感，但每个罐子中只种一株小巧而凛然的月季，营造出了雅致的感觉。加入复古小物后作品看起来像立体艺术品一样。

专栏

提高品位，让混栽作品更加美丽动人

要想作品“动人”，重要的不仅是搭配花卉与容器，注重细节，也能充分衬托出花朵的美丽。

刷

给空罐子刷丙烯涂料。将之刷成蓝色后用海绵蘸些黄色涂料轻轻涂抹，能营造出古色古香的味道。

藏

在篮子内侧铺上水苔和绿色、黄绿色的苔藓，既能增加韵味又能覆盖土壤。

方案设计者

黑田健太郎先生（Flora 黑田园艺）

他擅长创作雅致可爱的混栽作品，精致的花草搭配受到大家的肯定。他每月会举办2~4次混栽讲座，很受欢迎，会吸引日本各地的听众。

山野草组成的自然风混栽

让“西洋风”场景变得楚楚可人

一盆山野草会让人觉得它是盆景，可根据不同的组合方式将之融入不同场景。神藤知治先生的店铺“金久”（位于日本大阪府泉佐野市）经营种类丰富的山野草，他将在本部分为大家呈现充满魅力的山野草搭配。

混栽方案：神藤知治先生

山野草清单

◀ 费菜

蝇子草 ▶
（*Silene hidaka-alpina*）

◀ 血红老鹳草

大花台湾唐松草 ▶

◀ 圆叶风铃草

将花朵小巧可爱的山野草装在朴素的篮子中。楚楚可人的色彩和纤细的姿态让人联想到野外的景色，这是纤细而生机盎然的混栽作品，很适合放在自然风的花园中。

容器

1 使用自然风的篮子

虽然山野草给人纤细、敏感的印象，但只要通风和排水良好，种在花盆中的山野草就能顺利生长。另外，种在花盆中方便打理，所以很适合初学者尝试。

为了让山野草能够在花盆中茁壮成长，重要的是选择正确的容器。考虑到山野草不耐闷热，建议选择“夏季时温度不会过高”“能很好地保持土壤湿度”的容器。

不上釉的陶器和山野草专用的容器最合适，不过当下较流行的是上釉的素烧花盆或者陶器。素烧花盆容易蒸发水分，所以使用时要注意保持土壤湿度。相反，马口铁等材质的容器不易蒸发水分，不易散热，容易伤到植物的根部，所以不适合种植山野草。

只要调整好环境，山野草就能茁壮成长。山野草适合搭配任何场景，请大家尽请尝试吧。

山野草清单

▲ 蓝花老鹳草

▲ 箱根草

▲ 瓣蕊唐松草

▲ 某种紫斑风铃草

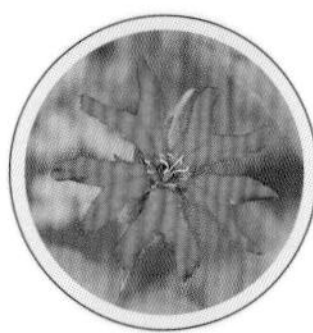
▲ 丝瓣剪秋罗“卡拉夫托（Karafuto）”

▲ 多花勾儿茶

容器

2 使用现代风格的洗漱水槽

在风格鲜明的容器中搭配造型奔放的山野草，营造出野性氛围。背景颜色很重要，在冷色围墙和花朵的包围中，橙色的花朵和果实更有冲击力。

山野草清单

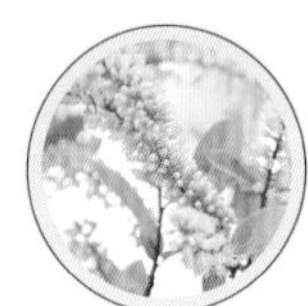
▲ 鼠刺

▲ 藨草

▲ 剪秋罗（*Lychnis gracillima*）

▲ 粉花矾根

▲ 金叶绣线菊

▲ 宿根月见草

▲ 韩信草

容器

3 用旧瓦片做容器

在重叠的瓦片做成的容器中种满了充满野趣的山野草。以鼠刺为中心，周围环绕各种纤细的山野草，呈现出自然、洗练的气氛。将之装饰在适合搭配素雅容器的铁艺椅子上，可营造出成熟的景色。

用苔藓覆盖土壤

用苔藓覆盖表层土壤能增强美感。苔藓较厚、易干燥，外表并不出众，不过将它压在土壤上，能防止水分蒸发，还能散发自然的气息。

容器

4 使用不上釉的陶器

在带脚的花盆中单独种上一棵滨紫草。简洁、圆润的叶子和奔放伸展的花茎形成完美的设计感。像艺术品一样的姿态和清爽的蓝色花朵相映生辉，呈现出整洁的风貌。

山野草清单

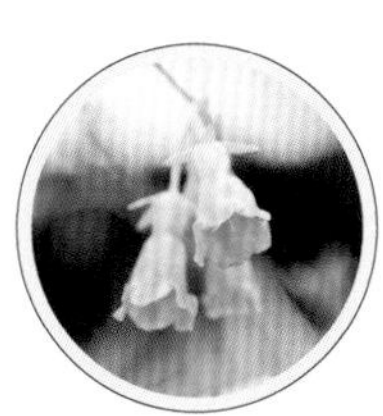

◀ 滨紫草（*Mertensia pterocarpa var. yezoensis*）

如何进行山野草的混栽

基本操作与普通花草混栽的几乎相同。比起园艺用培养土，最好使用排水好的山野草专用土。

物品

▲ 白花无柄穗花

▲ 韩信草

▲ 英国产的花盆

▲ 山野草专用土
+
（鹿沼土、木灰、盆底网）

种植方法

1

在盆底放上盆底网，撒入占花盆高度 1/4 的鹿沼土，然后撒入少量木灰。

2

从塑料盆中取出植株，轻轻抖落根球周围的土壤。

3

轻轻揉开根部，用剪刀在下部剪掉 1/3，这样一来新的根部更容易长出来。

4

在种入花盆之前，将两种植株放在一起，并尽量让其显得自然。

5

放好花苗，在植株周围填上土壤，留出距盆口 2cm 左右的空间用于浇水。

6

用一次性筷子等压一压植株周围土壤，不要让土壤中留下太大的空隙。注意，不要压断根部。

7 完成

由于薄荷生长格外旺盛，所以要不断收获来调节体积。一年生草本植物母菊（一种洋甘菊）要在花期结束后尽早收获。

可以培育、装饰、品尝的香草花园

绿意盎然、香味浓郁的香草，楚楚动人的身姿中蕴含着蓬勃的生命力，散发出自然的气息。就算不能种在地上，在花盆中进行混栽也别有一番韵味。本部分将介绍不同用途的香草混栽和使用这些香草的食谱。

混栽方案：加地一雅先生

为了享受花茶而准备的混栽

这些香草可以泡出香味浓郁的茶。后方是线条纤细的母菊、锦葵和阔叶山薄荷，前方是茂盛的薄荷类植物，层次分明。母菊和锦葵的花朵增加了朴素的可爱感。

要点

只用花的部分。一人份的花茶要加入一大勺花朵。长时间浸泡后茶色会发黑，浸泡1~2min 后取出花朵，将茶水倒入杯中最佳。

锦葵蓝茶

美丽的蓝色花茶。因为味道柔和，推荐根据个人喜好将锦葵与其他香草或红茶搭配。蓝色的茶水加入几滴柠檬汁就会变成浅粉色。

洋甘菊茶

能刺激胃部蠕动，促进消化，很适合作为饭后茶。可以使人放松，缓解疲劳，减轻失眠症状，还能暖身，所以也推荐感冒时饮用。适合与蜂蜜搭配，加上一勺蜂蜜会很好喝。

要点

一人份的花茶要加入一大勺花朵。可以缓解女性经期前的各种不适，但是有收缩子宫的作用，因此孕妇要避免饮用。

香蜂薄荷茶

味道清爽。香蜂花被称为长寿香草，对高血压、神经性消化不良、头疼和压力大有缓解效果。薄荷类香草的特点是具有清凉的香气，也能起到宁神和促进消化的作用。

要点

选择柔软的茎叶。一人份的花茶大约需要两三根茎叶，使用过量时茶水会变青、涩。香蜂花和薄荷的比例可以根据个人喜好进行调整。

植物清单

母菊

巧克力薄荷

艾草

香蜂花

锦葵“吊竹梅（Zebrina）”

圆叶薄荷

阔叶山薄荷

为鱼类、肉类菜品准备的混栽

这是适合搭配鱼类、肉类菜品，集合了蓬松香草的混栽作品。中间是笔直的茴香“紫红（Purpureum）”，周围种了撒尔维亚等来衬托它，再用百里香等茂密的小叶植物覆盖根部。沉甸甸的花盆带来安定感。

使用迷迭香、茴香、百里香、鼠尾草做成的泰式香草烤鲷鱼。

高角度拍摄

因为香草不喜闷热，所以要保持土壤略微干燥。收获要循序渐进，可以每2~3个月施一次缓效性有机肥料。

植物清单

普通百里香

百里香“高地奶油（Highland Cream）”

撒尔维亚

斑叶甘牛至

百里香（*Thymus zygis*）

迷迭香

茴香“紫红”

「香草炸肉丸」

使用三种香草制作的炸肉丸，香草在除去肉类腥味的同时增添了风味。香草的量可以根据个人喜好调节。

材 料（三四人份）

肉丸

- 肉馅……400g
- 香草（将新鲜香草切碎）
  - 牛至……1/2 小勺
  - 百里香……1/2 小勺
  - 鼠尾草……3 片或 4 片叶
- 盐……1 小勺
- 大蒜……1 瓣
- 黄油……1 小勺左右
- 白葡萄酒……适量
- 面粉……适量

配菜

- 洋葱……1 个
- 红辣椒……1/2 个
- 黄辣椒……1/2 个
- 青椒……1/2 个
- 番茄……2 个
- 茄子……1 个
- 香芹……1 根
- 胡萝卜……1/2 根
- 罐装番茄……1/2 罐
- 香草
  - Ⓐ 迷迭香……1 根
  - 牛至……1 根
  - 鼠尾草……2 片或 3 片叶
  - 百里香……1 根
- 茴香……1 根
- 大蒜……1/2 瓣
- 橄榄油……适量
- 盐、胡椒……适量

做 法

❶ 将肉馅放入碗中，加入盐后搅拌均匀。

❷ 加入切碎的大蒜和新鲜香草，搅拌到有黏性。

❸ 在捏成的肉丸上撒面粉。

❹ 将黄油放在平底锅上融化，炸❸做好的肉丸。因为肉丸容易散开，最好不要用锅铲翻，轻轻晃动平底锅即可。

❺ 肉丸表面变色后加入白葡萄酒，盖上盖子蒸煮。

❻ 在另一个锅里加入橄榄油和大蒜，开火烧出香味后加入切成约 1cm × 1cm 的洋葱、香芹、胡萝卜，充分翻炒直到出现甜味。

❼ 倒入剩下的蔬菜，然后倒入罐装番茄和Ⓐ中的香草。

❽ 煮好后，加入❺完成的肉丸和肉汁。煮 10min 左右，加入盐和胡椒调味。

❾ 盛入盘中，添加茴香。

为了享用沙拉而准备的混栽

这是集合了粉彩色的可食用花卉，种在吊篮中的混栽作品。较高的金鱼草和下垂的香豌豆藤蔓，楚楚可人中散发着野趣。蝴蝶草的蓝色让金鱼草和旱金莲的温柔色彩更加紧凑，形成了有层次感的设计。

旱金莲和蝴蝶草枝繁叶茂时更有看头。
要注意保持湿润。

植物清单

香豌豆

旱金莲

蝴蝶草

金鱼草

食用花卉沙拉

在生菜叶组成的绿色沙拉上点缀着香豌豆和蝴蝶草的花，增加了一抹华丽。面对外观美丽的菜肴，聊天气氛也自然地活跃起来。

材 料

沙拉

- 生菜
- 金鱼草（花）蝴蝶草（花）
- 旱金莲（花、叶）
- 香豌豆（花）

适量

调料（适量）

- 罗勒（根据个人喜好）
- 特级橄榄油
- 白葡萄酒醋
- 盐、胡椒

做 法

❶ 根据个人喜好确定各沙拉材料的量。将之洗净、沥干，撕成容易入口的大小，盛在盘子中。

❷ 将特级橄榄油和白葡萄酒醋以 2 : 1 的比例调好，加入碾碎的罗勒、盐和胡椒。食用前浇在沙拉上。

混栽方案和菜谱设计者

Exterior 风雅舍

混栽负责人：加地一雅先生（中）

菜谱负责人：加地育代女士（右）、西山伸子女士（左）

Exterior 风雅舍中有种类丰富的珍稀植物，美丽的样板花园人气很高。法人加地一雅先生是园艺设计师，他的妻子加地育代女士负责园艺工作，而西山伸子女士负责管理咖啡店。咖啡店中提供的有机蔬菜食品和在石窑中烤制的比萨很受欢迎。

夏天的混栽

展现清凉与美丽 点缀小花和小叶的轻盈混栽

夏季是植物枝繁叶茂的季节，庭院中容易显得杂乱。这时，试着在玄关或花园中的桌子等显眼的地方摆上一盆混栽植物吧。可以让空间显得紧凑，使整个庭院变得更漂亮。本部分将分三种色调为您介绍使用小花、小叶打造的清凉作品。

混栽方案：坂下良太先生　摄影地点：山本希美家

主要花卉

圆叶牛至

辅助植物

斑叶活血丹

常春藤“斑叶娜塔莎”

集合了纤细绿叶植物的轻盈混栽作品

以开浅粉色小花的圆叶牛至为主角，搭配线条纤细明快的克里特百脉根、斑叶活血丹和普通百里香。朴素的花篮中装满了深浅不一的绿色植物，呼之欲出的自然气息很有魅力。

高角度拍摄

植物清单

1 圆叶牛至
2 灌木迷南香
3 克里特百脉根（*Lotus creticus*）
4 小蔓长春花
5 普通百里香
6 斑叶活血丹
7 常春藤“斑叶娜塔莎（Natasja Variegata）”

密集的粉色小花展现优雅女人味

随风摇曳的两种矮牵牛花给人华丽的感觉，生有纤细花茎的大花天竺葵带来一丝灵动感，而茂密的雪朵花增添了分量感。装饰性的白色花盆中绽放着深深浅浅的粉色花朵，营造出浪漫温柔的氛围。

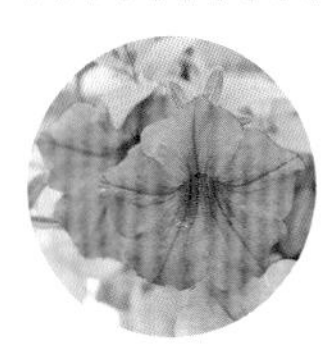

矮牵牛
“超图尼亚 · 远景 粉红”

辅助植物

大花天竺葵“薰衣草姑娘”

野芝麻“纯青柠”

植物清单

1 矮牵牛“超图尼亚 · 远景 粉红（Supertunia Vista Pink）”
2 矮牵牛“超图尼亚 · 远景 银莓（Supertunia Vista Silverberry）”
3 大花天竺葵“薰衣草姑娘（Lavender Lass）”
4 野芝麻“纯青柠（Sterling Lime）”
5 斑叶头花蓼
6 水芹“火烈鸟（Flamingo）”
7 雪朵花“粉戒（Pink Ring）”

高角度拍摄

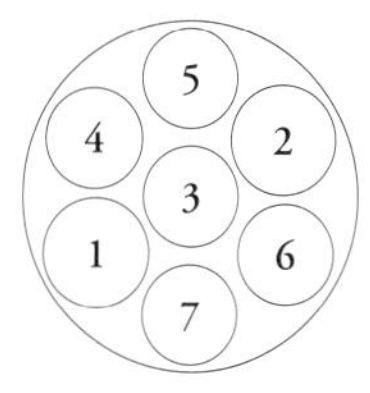

Soft 柔软

将粉彩色调的花朵和质感柔软的叶子组合，营造出轻盈温柔的气氛，仿佛让时间慢了下来。

鲜艳 *Vivid*

仿佛要胜过夏日的灿烂阳光，色彩鲜艳的花朵给人活泼的感觉，搭配不同的植物和杂货也可以展现出雅致成熟的氛围。

主要花卉

雨地花杂交种

辅助植物

伏胁花

洋常春藤“白雪公主”

原色花与金属盆组合，充满童趣的混栽作品

主角是盛开的雨地花杂交种，让人目不转睛的通透红色花朵很有魅力，搭配蓝色的桶、伏胁花的黄花，利用对比色组成的一盆植物鲜艳夺目。浅色洋常春藤“白雪公主”为之加入了成熟的气息，更能衬托鲜艳色彩的美。

植物清单

1 雨地花杂交种
2 伏胁花
3 洋常春藤“白雪公主”
4 小冠花

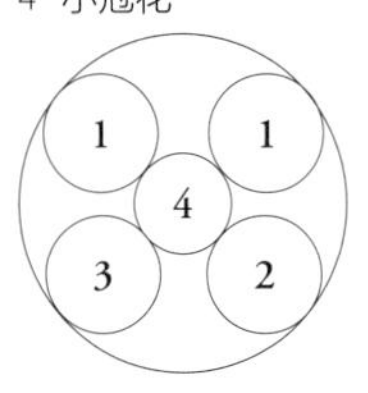

高角度拍摄

主要花卉

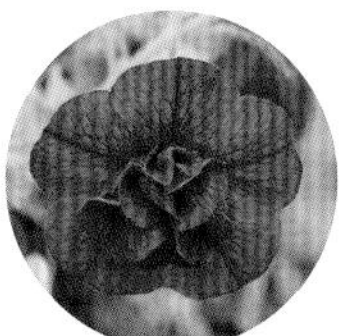

舞春花“超级铃铛·重瓣红”

辅助植物

水芹“火烈鸟”

珍珠菜“流星”

植物清单

1 舞春花“超级铃铛·重瓣红（Superbells Double Red）”
2 水芹“火烈鸟”
3 珍珠菜“流星（Shooting Star）”
4 臭叶木“巧克力士兵（Chocolate Soldier）”

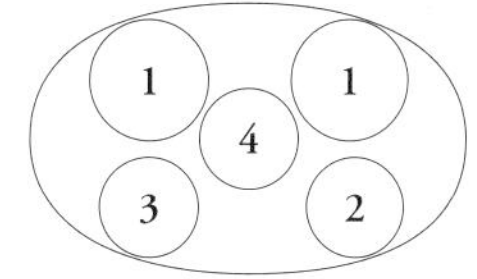

其他角度拍摄

优雅、自然的成熟风花篮

深红色的重瓣舞春花“超级铃铛·重瓣红”小巧而华丽，搭配微微带些红色的珍珠菜“流星”和水芹“火烈鸟”以保持统一感，营造出沉稳的氛围。铺着水苔的铁质花篮有着乡土气息的美，与自然风格的环境十分契合。

深色

将高人气深色花与叶搭配，巧妙利用植物特色，打造出令人印象深刻的景色。也可以有效地为过于甜美或风格不明显的庭院增添成熟的特质。

活用植物色彩和姿态，装饰性强的盆栽

把呈放射状伸展的铜叶朱蕉放在中央，周围点缀着同样是铜叶的秋海棠“双层宝石”的红色小花，这是一盆时髦的混栽作品。矾根“依莱克特拉”的叶子是亮点。叶子的色调产生阴影效果，更突显混栽作品的形态魅力。方形黑色花盆在下方将作品形态收紧。

植物清单

1 秋海棠“双层宝石（Doublet）”
2 矾根“佐治亚桃子”
3 矾根“依莱克特拉（Electra）”
4 临时救“午夜太阳”
5 千叶兰“聚光灯”
6 金心常春藤
7 朱蕉

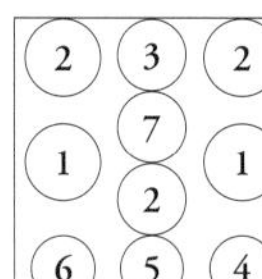

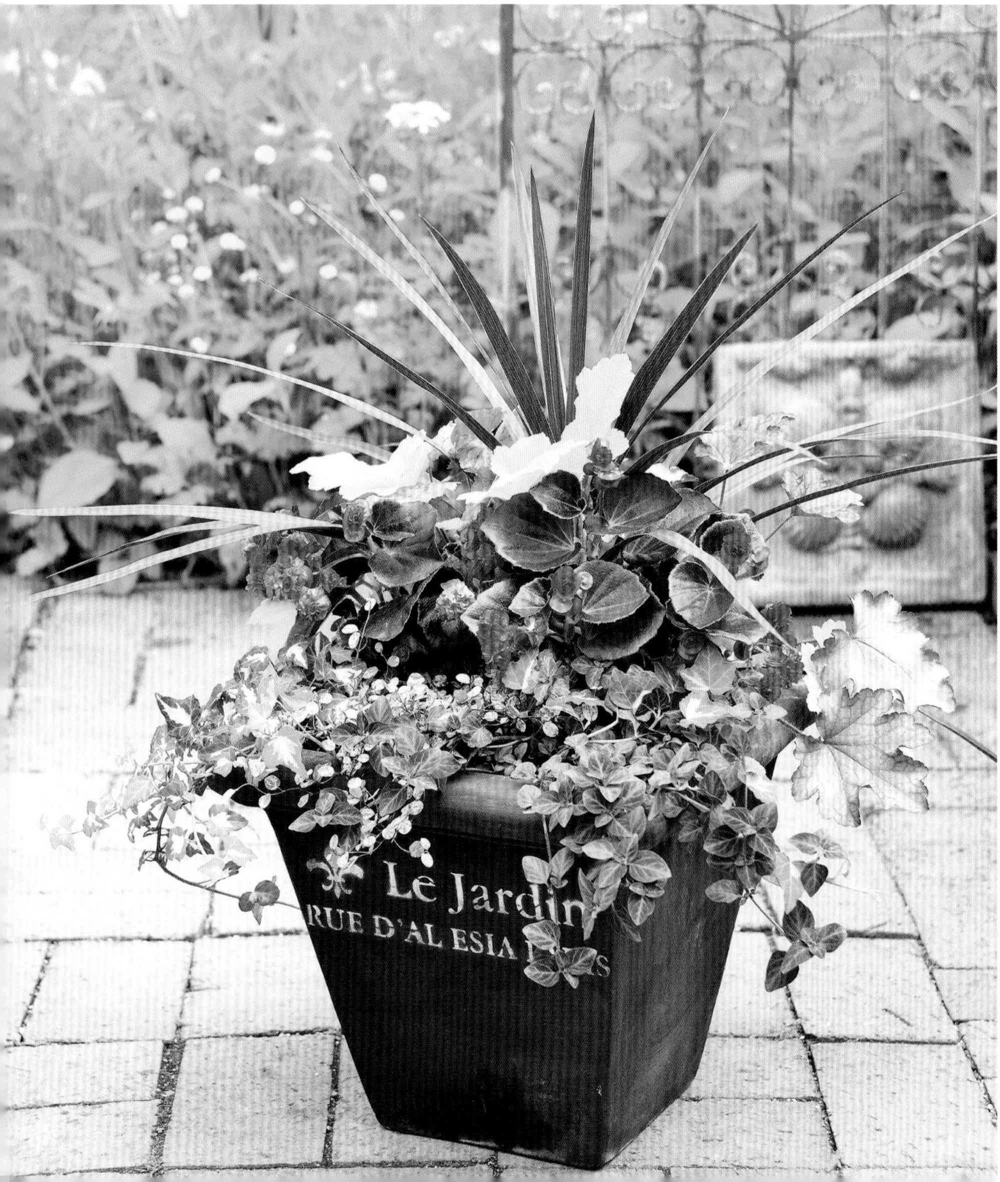

主要花卉

秋海棠“双层宝石”

辅助植物

矾根“依莱克特拉”

金心常春藤

主要花卉

矮牵牛
“幻影”

＋

辅助植物

临时救“莱西”

阔叶百里香“福克斯利”

强烈的对比是关键，充满纯洁感的现代风花环

矮牵牛“幻影”花朵的黑色底色上有黄色的“星星”，个性鲜明，在叶子的包围中很有层次感，使之成了美丽而醒目的花环。野芝麻“纯青柠”等植物的白色斑纹增添了一份清爽的凉意。为了不干扰植物微妙的渐变色，使用了刷成柔和绿色的容器，使之自然融合。

植物清单

1 矮牵牛“幻影（Phantom）”
2 临时救“莱西（Lyssi）”
3 阔叶百里香“福克斯利”
4 野芝麻“纯青柠”
5 金心常春藤
6 千叶兰“聚光灯”
7 臭叶木“比森的黄金（Beatson’s Gold）”

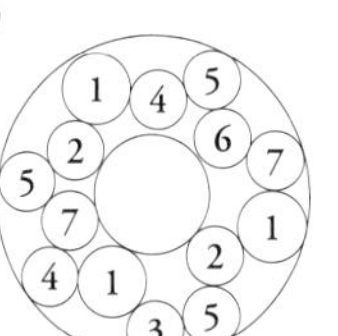

侧面角度拍摄

在P36的混栽作品中，大量普通百里香和克里特百脉根等线条纤细的植物被放在花盆中央，枝叶向四周伸展，产生了蓬松感，仿佛要从花盆中涌出一样。

专栏

用小花小叶营造出温柔的氛围

对于利用小花小叶、线条纤细的植物制作的混栽作品，其设计重点在于呈现出分量感。可以让植物从内向外轻柔地展开。加入带斑纹的、颜色明亮的叶子或者质感柔软的叶子元素，能营造出轻盈温柔的氛围。

方案设计者
坂下良太先生（四叶草）

坂下良太先生因可爱轻盈的混栽风格深受好评，每年受委托制作的混栽作品超过1000个。他的店（四叶草）里经常摆放着各式各样的混栽作品，花苗的种类也很丰富。

能给任何地方带来清爽之感

夏季的清凉混栽

阳光灿烂，盛夏已至。为了尽量带来凉爽的气息，令庭院空间更加舒适，让我们利用会在风中摇曳的纤细花叶打造混栽作品吧。本部分将按照环境条件分别介绍适用于向阳处、半背阴处、背阴处的植物搭配。

混栽方案：野里元哉先生

随风而动的设计

增加清凉感的植物

聚星草“银影”

半边莲“夏子”

增加亮度的植物

鹅河菊“姬小菊·太阳”

植物清单

1 聚星草“银影（Silver Shadow）”
2 半边莲“夏子”
3 鹅河菊“姬小菊·太阳”
4 临时救“午夜太阳”
5 珍珠菜“流星”
6 蜡菊
7 矮牵牛“白色夏日（Summer White）”

中间的聚星草“银影”像涌出的泉水一样，它周围是一圈白色和蓝色的清爽小花，能让人感受到微风的气息。花盆也选择了白色的，很清爽。杯状的形态强调出花朵喷薄而出的分量感。

充满闲适氛围的小花车

Cute 可爱

以手推车为主题的金属花盆中开满了深浅不一的粉色花朵。通过叶子和花朵的变化营造出轻快感。小叶的克里特百脉根和冠花豆增加了明快的气息。

植物清单

1 矮牵牛“配角（Supporting Player）”
2 大理石草莓（叶子带斑纹的草莓）
3 松叶菊
4 克里特百脉根
5 天竺葵（粉色）
6 冠花豆

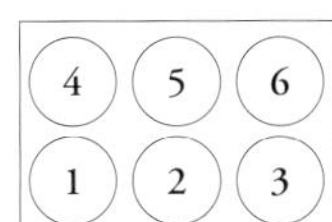

增加清凉感的植物　　增加华丽度的植物

矮牵牛“配角”

克里特百脉根

天竺葵（粉色）

在向阳处培育的混栽作品

集合了可以在强烈日照下茁壮成长的草花，打造出华丽的景色。将线条柔和的植物和蓬松舒展的植物搭配起来，营造出清凉的感觉。

在半背阴处培育的混栽作品

在只能照到半天阳光的地方和阳光穿过枝叶洒到的植物根部，可以用不喜强烈直射阳光的植物增光添彩。尽管略微缺乏华丽感，却能展现出沉稳的风情。

穿过枝叶洒下的阳光照在细腻的色彩上

Cute 可爱

增加清凉感的植物

苏丹凤仙花
“融合”

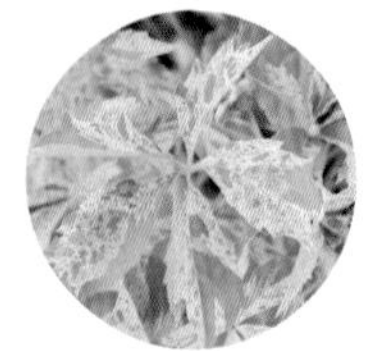

斑叶五叶地锦

增加紧凑感的植物

草地老鹳草“黑骑士”

植物清单

1 苏丹凤仙花“融合（Fusion）”
2 野芝麻
3 草地老鹳草“黑骑士（Dark Reiter）”
4 卷耳状石头花
5 斑叶五叶地锦

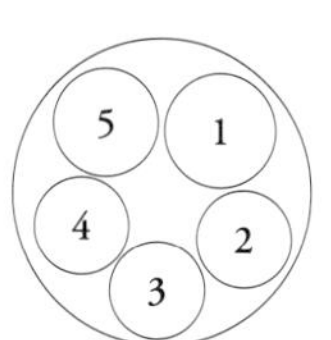

杏色的苏丹凤仙花“融合”和斑叶五叶地锦与橄榄色花盆很搭。在这个可爱的作品中点缀上略带蓝色的淡粉色卷耳状石头花和黑色叶子的草地老鹳草“黑骑士”，可以营造出层次感。

给人成熟感的单色植物组合

Elegant 优雅

以带白斑的叶子和银色叶子为主，营造出成熟感。假雏菊小巧的花朵增添了可爱的气息。黑沿阶草的细长叶片、日本紫珠的红色茎与深色石头质感的花盆呼应，收敛了作品整体的色彩，同时带来有节奏的律动感。

植物清单

1 斑叶日本紫珠
2 朝雾草
3 假雏菊
4 银马蹄金“银瀑（Silver Falls）”
5 黑沿阶草

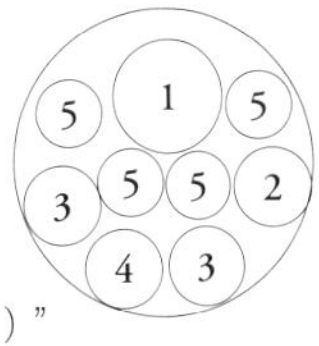

增加清凉感的植物

斑叶日本紫珠

朝雾草

增加紧凑感的植物

黑沿阶草

Simply Elegant
简洁 优雅

浓缩蕨类植物魅力的吊篮

植物清单

1 日本安蕨
2 掌状鳞毛蕨
（*Dryopteris pedata*）
3 欧洲耳蕨

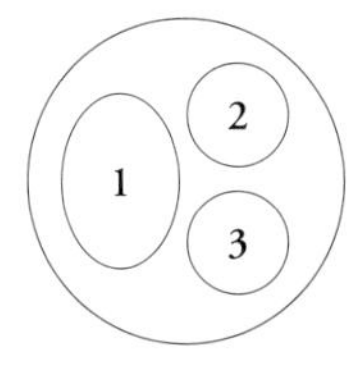

增加清凉感的植物

日本安蕨

欧洲耳蕨

增加动感的植物

掌状鳞毛蕨

这是由三种不同颜色和形状的蕨类植物组成的吊篮。日本安蕨的深色叶片突出重点，欧洲耳蕨增添明亮感，掌状鳞毛蕨则带来了动感，由此打造出一盆耐看的清凉混栽作品。蕨类植物不断生长会逐渐增加野性，使之呈现出不同的风情。

在背阴处培育的混栽作品

可以放在建筑物北侧或树下等背阴处。

选择能给这些地点带来明亮和轻快感的耐阴植物吧。

通过增加小物，为简洁作品增加韵味

Simply Cute

简洁 可爱

植物清单

1 掌叶铁线蕨

2 毛叶铁线蕨

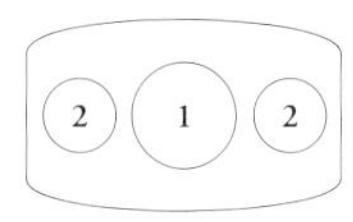

增加清凉感的植物

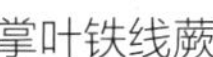

掌叶铁线蕨

毛叶铁线蕨

增加可爱程度的物品

装饰品

这是组合了叶柄舒展、整体蓬松的掌叶铁线蕨和从土表长出茂盛茎叶的毛叶铁线蕨，呈现出高低差，有立体感的作品。在质感干燥的容器和背景衬托下，更加突出了蕨类植物的水灵。

方案设计者

野里元哉先生（阳春园植物场）

阳春园植物场中植物品种丰富，人们对园艺师的评价颇高。植物场的主人野里先生设计过各种类型的混栽作品，从可爱的到沉稳的，应有尽有。另外，他还经常活跃于电视园艺节目中。

专栏

根据光照强度选择叶子

叶子能带来清爽的感觉。大多数植物喜欢阳光充足的地点，不过混栽中的重要品种玉簪、矾根和蕨类植物等无法承受强烈日照，需要注意避免叶片在夏日强烈的阳光下枯萎。这些观叶植物在背阴处也能茁壮成长，您还可以欣赏到五彩缤纷的叶子。

白斑品种的玉簪（上图）叶片薄、散布白色斑点的黄水枝（左上图）、叶片雅致的矾根（左图）都是无法承受强烈日照的植物。

有效利用叶子
清爽的混栽

在夏日庭院中，草花繁茂，天气炎热，很容易缺乏凉意。这时，只要加入清爽的观叶植物混栽作品，就能给这片空间带来些许清凉之感。本部分将以叶子的搭配为主题，介绍以叶子为中心和用叶子衬托花朵的混栽作品。

混栽方案：植田英子女士和西村美纪女士（Kanekyu 金久）

清爽的观叶植物

花叶芋

小盼草

常春藤“雪萤”

组合不同颜色和形状的叶子营造出充满情趣的景色

花叶芋展开白色的大叶片，小盼草笔直伸展，搭配充满跃动感的下垂的常春藤“雪萤”，组合出一盆繁茂的植物。作品分量感十足，同时带来了满满的凉意。稳重的灰色陶器给植物增添沉稳的气息。（西村美纪女士）

植物清单

1 花叶芋
2 小盼草
3 常春藤“雪萤（Yukihotaru）”
4 马齿苋
5 繁星花
6 大戟“冰霜钻石（Diamond Frost）”

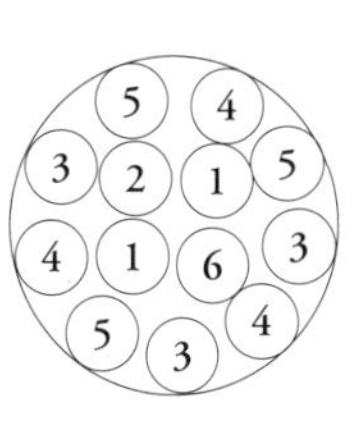

充满韵味的叶子
给背阴处添加了成熟的色彩

以叶片有“锯齿”的蟆叶秋海棠为主角，打造出雅致的花篮。为了衬托粉紫色的叶子，用金叶过路黄等的叶子增加明快感，用千叶兰等增加蓬松感和柔和感。深色的矾根让混栽作品整体显得紧凑。（植田英子女士）

植物清单

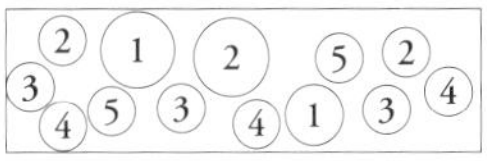

1 蟆叶秋海棠
2 矾根
3 白粉藤“花环（Garland）”
4 金叶过路黄
5 千叶兰

清爽的观叶植物

蟆叶秋海棠

白粉藤“花环”

金叶过路黄

Leaf Main

欣赏以叶子为主角的混栽作品

在各种各样的观叶植物中，最适合夏季使用的是颜色清爽、姿态轻盈、会随风摇曳的品种。有金属感的深色能营造出冰凉感。巧妙利用叶子的纹理能设计出张弛有度的作品。

清爽的观叶植物

青柠绿萝

洋常春藤“白雪公主”

芒

清爽叶片组成的花环，用缎带一样的细长叶子点缀

集合了黄绿色或带斑纹的水灵的观叶植物，组成花环形的混栽作品。青柠绿萝的宽大叶片中穿插着充满跃动感的纤细叶片，营造出轻盈感。因为都是观叶植物，十分方便打理。这个花环能够让半背阴庭院变得明丽多彩。（植田英子女士）

植物清单

1 青柠绿萝（Lime Pothos）
2 芒
3 洋常春藤“白雪公主”
4 薜荔
5 白粉藤“花环”
6 银马蹄金“银瀑”

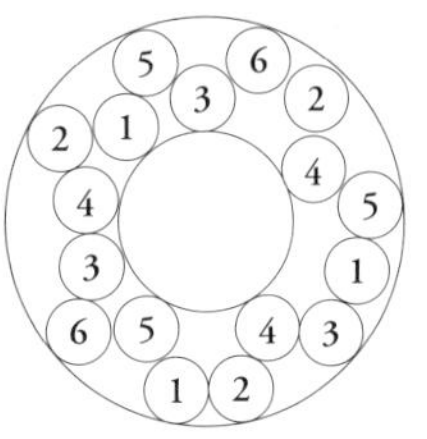

植物清单

1 千叶兰“聚光灯”
2 苏丹凤仙花“融合 · 桃霜”（Fusion Peach Frost）”
3 矾根“佐治亚桃子”
4 鞭果苔草（*Carex flagellifera*）
5 千叶兰

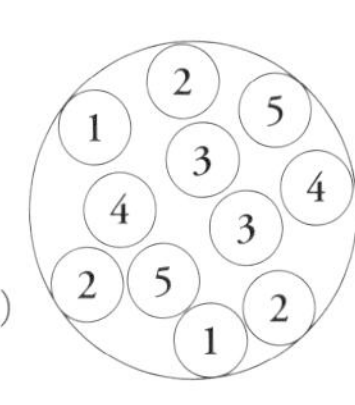

细长的枝叶包裹住整个花盆，营造出自然的魅力

在陶器花盆中集合红色系的观叶植物，呈现有乡土气息的美感。铜叶的矾根存在感很强，开柔和橙色花朵的苏丹凤仙花“融合 · 桃霜”也是有名的“配角”。千叶兰等的线条纤细的叶子可以让人充分感受到清凉之感。（西村美纪女士）

清爽的观叶植物

苏丹凤仙花
“融合 · 桃霜”

矾根“佐治亚桃子”

千叶兰“聚光灯”

欣赏以花为主角的混栽作品

若您想用夏日的花卉创造出清爽的景色，推荐使用花形小巧的品种。用叶子勾勒出整体形状，点缀自己喜欢的花，营造华丽的清凉感。

Flower Main

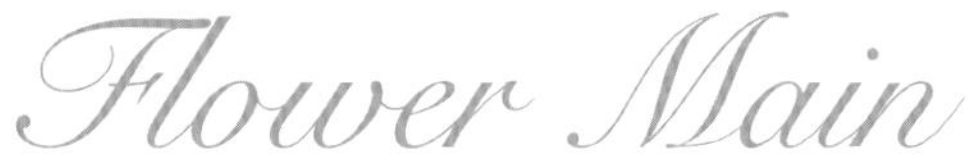

主要花卉

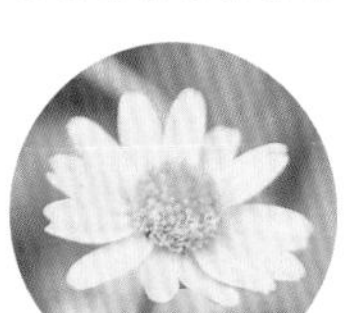

蛇目菊

＋

清爽的观叶植物

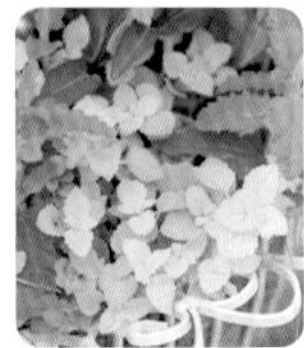

雪朵花（黄绿色）

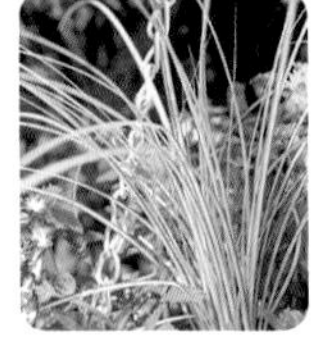

褐果苔草“詹尼克”

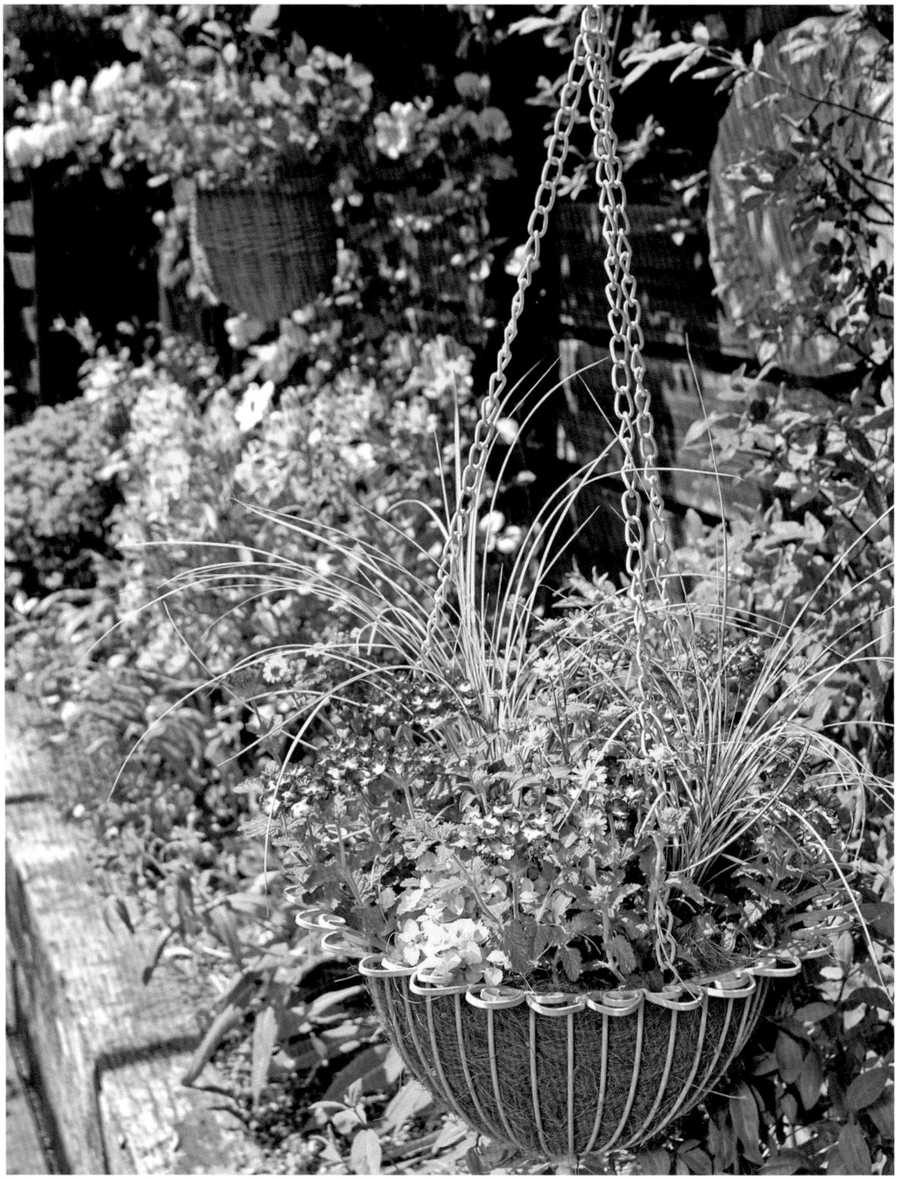

植物清单

1 褐果苔草“詹尼克（Jenneke）”
2 雪朵花（黄绿色）
3 蛇目菊
4 马鞭草

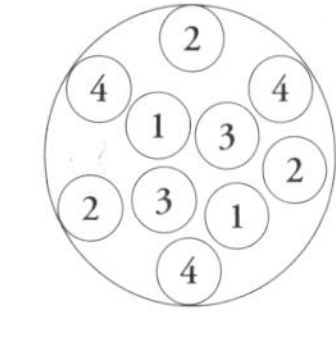

不输夏日阳光的灿烂色彩

在蓝色和黄色的花朵之间加入黄绿色的雪朵花，在让作品看起来很清秀的同时展现出满满的能量。蛇目菊的纤细花茎笔直立起，其根部铺满的马鞭草增加了分量感。特意摘去了雪朵花的白花，形成夏季特有的清爽色彩。（植田英子女士）

长春花“图图”

＋

清爽的观叶植物

枪刀药（粉色）

芒

以粉色为主色调，成熟而可爱的混栽作品

这是由花瓣有褶皱的长春花“图图”，花朵为白色的香彩雀，叶子为粉色的枪刀药组合而成的作品。漂亮的叶子压制了花朵的可爱感，使作品呈现出更成熟的氛围。剪掉枪刀药的尖端控制其高度，可打造出分量感。（西村美纪女士）

植物清单

1 长春花“图图（Tutu）”
2 香彩雀（白色）
3 黄叶倒吊笔
4 枪刀药（粉色）
5 芒

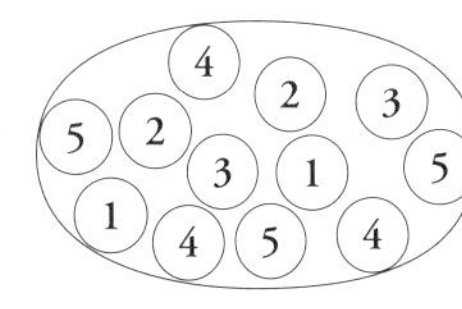

专栏

夏季的混栽，该如何保持健康状态

最容易失误的环节是浇水。水分不足时植物会枯萎，水分过多时植物会“觉得”闷热……花盆的摆放位置和天气情况不同，土壤的干湿程度也不同，因此要仔细观察土壤和叶子的状态来选择合适的浇水时机。可以给健康的植物定期施少量液体肥料，同时还要浇水。相反，在植物状态不好的时候不要施肥，此时推荐使用活力剂。

观察要点

※ 土壤状态是否良好
※ 植株基部是否干净
※ 花谢后是否摘了残花
※ 日照条件是否适合植物生长
※ 植物是否种得过于密集

方案设计者

右 西村美纪女士

左 植田英子女士（店长）

Kanekyu 金久店铺使用观叶植物创作的简洁混栽作品很受欢迎。植田女士擅长创作清爽、现代风格的混栽作品，西村女士擅长创作给人温柔印象的混栽作品。

秋天的混栽

小和大

享受秋天特有的韵味

充满野趣的盆栽花园

随着天气一天天变凉爽，植物的颜色也逐渐加深。天高、气爽的秋日，很适合在庭院中搭配种植花色清澈明快的植物。本部分将介绍以适合秋日景色的黄色、红色、紫色为主题色彩，使用大小不同的花盆打造的混栽作品。

混栽方案：土谷真澄女士　摄影协助：绿色画廊花园（Green Gallery Gardens）

Small 小盆

上图：让混栽整体更加紧凑的齿叶半插花，纤细的叶子下垂生长。

下图：圆形叶子舒展开的马刺花“黄金”。带斑纹的叶子形成的色彩对比效果很美丽。

植物清单

1 小百日草
2 马刺花“黄金（Golden）”
3 齿叶半插花
4 千叶兰
5 紫罗勒

用叶子突显主要花卉的光彩

深色的齿叶半插花和明亮的马刺花“黄金”组合——叶子颜色的明暗对比是这盆作品的主调。花卉只使用了小巧的小百日草，由此可衬托出黄色花朵的美丽。下垂生长的茎叶增加动感和分量感，让简洁的混栽更显华丽。做旧加工的素烧花盆使之更有韵味。

灌木三星果柔韧的枝条风情万种。黄色花蕊在开花过程中逐渐变红，您可以享受到不同的乐趣。

富有秋日风情的莲子草叶子融合了红、黄、绿三色，形成了大理石般的花纹。莲子草会横向匍匐生长，因此最适合装饰花盆边缘。

带有日式风格的有趣的混栽作品

将散发着金黄色光辉的菊花“宁静之地”作为主角放在中间，前面搭配颜色美丽的叶子带斑纹的植物，后面狼尾草“烟花”和三星果纤细的姿态能让人联想到秋日原野。敦实的黑色大花盆收紧了植物奔放的姿态，形成沉稳的景色。

基础颜色 黄色

Yellow

黄色是充满活力的维生素颜色，秋天的黄色与其他季节不同，有一丝别样的沉稳感，散发着成熟的气息。在灿烂的金黄色秋日阳光中，色调更加丰润。

植物清单

1 菊花“宁静之地（Sereni Tierra）”
2 三星果
3 紫罗勒
4 狼尾草“烟花（Fireworks）”
5 苔草
6 马刺花“黄金”
7 莲子草
8 观赏辣椒

基础颜色 红色

Red

红色为秋天的凉爽空气添加了一丝暖意。红花/果可以搭配颜色暗淡的叶子，不过搭配颜色鲜艳或带斑纹的叶子时对比更强烈，更显活泼。

盛满富有光泽的红色果实的小巧花篮

Small 小盆

色彩明亮的叶子围住观赏辣椒果实，衬托出果实的可爱。蔓长春花叶上的白斑和红色果实相映生辉，营造出纯净的美感。向四面散开的纤细的茎是决定作品整体形态的关键。蓼的红色茎连接起富有光泽的果实和叶片，让所有植物成为一个整体。

植物清单

1 观赏辣椒（大果实）
2 观赏辣椒（小果实）
3 蓼
4 蔓长春花
5 斑叶水蜡树

下图：灌木斑叶水蜡树较为坚硬的树枝奔放地伸展。叶片有黄绿色斑纹，鲜艳的色彩格外引人注目。因为水蜡树是半落叶树，冬天也会有叶子留下来。

上图：蓼质感柔软的茎叶给混栽作品增加了温柔的印象。茎上美丽的红色隐隐“沁入”叶子，很有情调。

大盆 Large

落新妇暗褐色的叶子散发出成熟的气息。叶子能反射光线，独特的质感令人印象深刻。初夏盛开的花穗此时展现出了秋日风情。

野生葡萄叶子呈锯齿状，形状独特。不断延伸的藤蔓展现出野趣。秋天，果实会从浅绿色逐渐变成粉色、紫色。

充满韵味的花盆尽显红色之美

用引人注目的红色的青葙作为主角，搭配带有红色的独特叶子。在暗褐色和暗红色等雅致色彩中增添了清新感的是箱根草和野生葡萄的清爽绿色。左后方和右前方平衡感很好，充分利用了鲜明的色彩对比。

植物清单

1 鞘蕊花
2 落新妇
3 箱根草
4 蓼
5 青葙（鸡冠花）
6 野生葡萄

大盆 Large

紫罗勒的叶子带着微妙的紫色。此处特意使用了紫色已在炎热的夏季褪去的植株，以增加韵味。

紫竹梅“紫心勋章”的叶子带有朦胧的粉色，呈亚光质感。多肉质的茎叶整体呈现紫色，存在感强。

雅致与破旧的搭配很成熟

用复古的空冰淇淋罐作为花盆，里面种了满满的花草。雅致的紫色植物与破旧的罐子形成反差，营造出迷人的效果。外侧下垂的柔软斑叶藤蔓减弱了轻盈的植物与沉重花盆的轻重差别。紫罗勒恰到好处地给这盆混栽作品带来了层次感。

基础颜色 紫色

Purple

紫色是与富有情趣的秋天最相称的色彩——深紫色雅致，淡紫色清秀。

植物清单

1 紫菀“神秘女士（Mystery Lady）”
2 香彩雀“宁静（Serenita）”
3 鞘蕊花
4 紫罗勒
5 紫竹梅“紫心勋章（Purple Heart）”
6 蔓长春花
7 亚洲络石“黄金（Gold）”

叶脉的红色隐隐向周围晕染，散发出成熟氛围的日本安蕨“乌苏拉红”，其生有锯齿状缺刻的叶片充满野性。

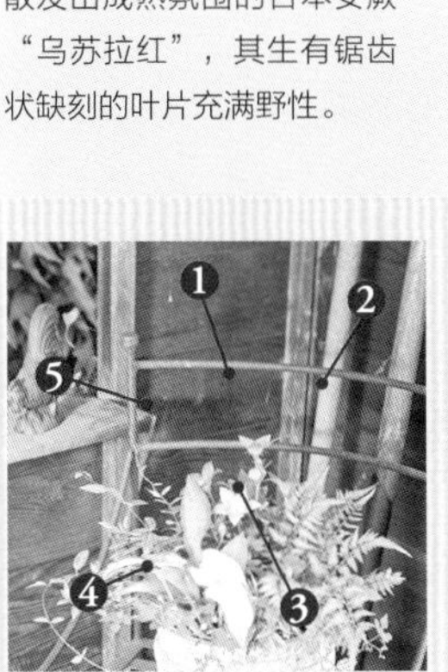

植物清单

1 桔梗
2 日本安蕨“乌苏拉红（Ursula's Red）”
3 玉簪“保罗的荣耀（Paul's Glory）”
4 野生葡萄
5 亚洲络石“绉纱葛（Chirimen Kazura）”

Small 小盆

只有一株花卉，表现秋日的清爽

朴素的美感仿佛是将自然风景“截取”下来，浓缩在了小小的花盆中。桔梗是这盆混栽作品中唯一的花卉，散发出和风气息，而日本安蕨“乌苏拉红”和亚洲络石“绉纱葛”让人感受到了野趣。为了使作品不显得过于朴素，利用玉簪“保罗的荣耀”的叶色和花盆的白色增加了明快感和脱俗感。

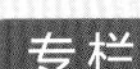

专栏

能改变氛围的调和色

搭配植物时最先考虑的就是颜色。决定主色之后，就要考虑选择什么调和色来衬托主色了。调和色是能够成为空间“调味剂”的颜色。就算是使用同种颜色的植物，色调、形状和质感的微妙差别也能大幅改变混栽作品给人的印象。

明朗

紫竹梅“紫心勋章”

搭配形状和颜色都很清秀的紫竹梅“紫心勋章”之后，混栽作品呈现出明朗的氛围。

柔软

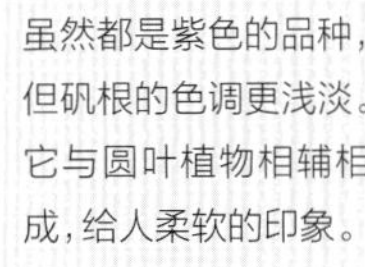

矾根

虽然都是紫色的品种，但矾根的色调更浅淡。它与圆叶植物相辅相成，给人柔软的印象。

方案设计者

土谷真澄女士

她是园艺咨询师，吊篮种植大师。在日本东京八王子的绿色画廊花园和园艺博览（Garden Messe）举办的混栽教室做讲师。

沉静的姿态很有魅力

在秋日阳光中闪耀的优美混栽

秋日里金黄色的柔和阳光让植物显得更加美丽。在这个季节，自然且有成熟韵味的混栽作品会格外引人注目。本部分以“跃动感”和“统一感”为关键词，按照线条将植物分类，介绍适合秋天的混栽作品。

混栽方案：今村初惠女士

铁架子映衬出淡色草花的“温柔”

铁的厚重感衬托了花和叶柔和的色彩，使作品整体显得很高雅。花篮的侧面自然地覆盖着水苔。在蓬松伸展的花草中，开粉色小花的帚石南伸出细长的花穗，增加了颇具女人味的轻盈感。

植物清单

1 微型月季
2 帚石南
3 亚洲络石“初雪”
4 匍茎榕（*Ficus radicans*）
5 荷兰菊（白色）
6 大戟“冰霜钻石”

⑤	①	②	①	②	⑤

⑥	③	④	③	④	③	④	⑥

线条植物

芒（斑叶品种）

＋

主要花卉

蓝花白头婆

＋

搭配植物

无毛风箱果“卢特斯”

植物清单

1 芒（斑叶品种）
2 蓝花白头婆
3 洞庭蓝（*Veronica ornata*）
4 天蓝花
5 无毛风箱果“卢特斯（Luteus）”
6 银姬小蜡
7 斑叶红淡比

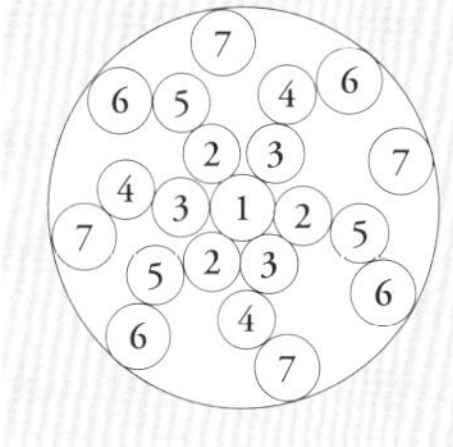

巧妙使用草类植物，设计出充满野趣的空间

在杯子形的大花盆中大胆地种满纤细的植物，这种设计能让人感受到凉爽的秋风。花色统一选择蓝色，以增加清凉感。无毛风箱果“卢特斯”的深色叶子让植物显得紧凑，使作品张弛有度。

有跃动感的设计

有效利用拥有柔和弧线造型的草类植物和纤细的草花，呈现出舒展的秋日情调。这个作品能顺利地融入空间。

线条植物

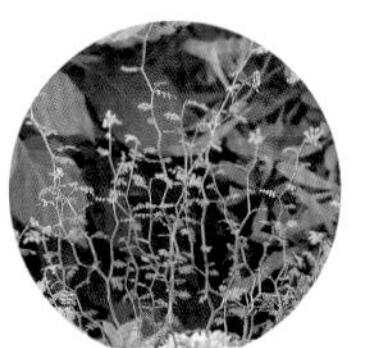

小叶槐

亚马孙白粉藤

主要花卉

菊花
“优雅时刻”

有跃动感的设计

细腻色彩搭配草叶姿态，尽显优雅气质

果盘形状的花盆中种满了菊花“优雅时刻”（*Chrysanthemum* × *grandiflorum*‘Grace Time’），呈现出白色到黄色再到杏色的色彩渐变。向上伸展的小叶槐和下垂的亚马孙白粉藤增加了体积感和跃动感。朴素而有特点的草叶变成了调味剂，使之成为散发着独特美感的混栽作品。

植物清单

1 菊花“优雅时刻”
2 小叶槐
3 紫金牛
4 芙蓉菊
5 紫叶的日本圆扇八宝
6 亚马孙白粉藤（*Cissus amazonica*）

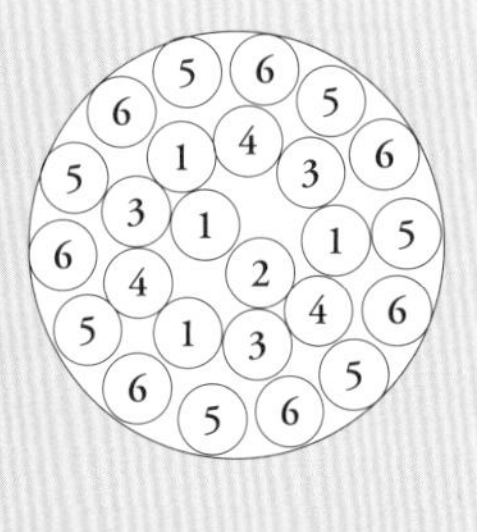

有统一感的设计

将美丽的秋日花草聚集在小巧的花盆中，作品就像百宝箱一样。它能给场景增加华丽感，使之呈现出如画般的景色。

主要花卉

红莓苔子

＋

辅助植物

莲子草（斑叶品种）

齿叶半插花

鲜艳的果实展现出富有光泽的秋色

这是将红莓苔子的红色果实作为主角，花环形的混栽作品。用深色叶子的齿叶半插花和叶子带斑纹的莲子草搭配红莓苔子明绿色的叶子，营造出富有韵味的阴影效果。作品雅致可爱，很适合作为门口的迎宾植物。

植物清单

1 红莓苔子
2 莲子草（斑叶品种）
3 齿叶半插花
4 莲子草“粉色水花（Pink Splash）”

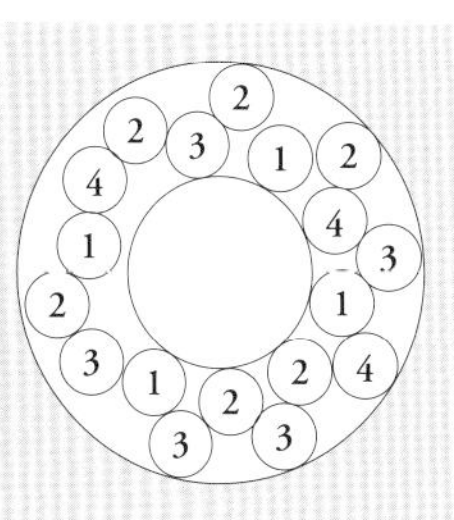

有统一感的设计

适合融入任何场景，沉稳而雅致的色调

在这个吊篮中，白色的月季“绿冰”和酒红色的莲子草“千红烟花”对比强烈，营造出成熟的氛围。彩叶调和了花朵鲜艳的色彩，吊篮边缘垂下的假泽兰造型优美、色彩素雅，给整体带来了沉静感。

主要花卉

月季“绿冰”

莲子草“千红烟花”

辅助植物

假泽兰

植物清单

1 月季“绿冰（Green Ice）”
2 假泽兰（*Mikania dentata*）
3 莲子草“千红烟花”
4 银姬小蜡
5 莲子草“大理石皇后（Marble Queen）”

主要植物

胧月

厚叶石莲花

辅助植物

小球玫瑰

植物清单（矮花盆）

1 胧月
2 福兔耳（白兔耳）
3 苍白景天
4 小球玫瑰
5 新玉缀
6 紫丽殿
7 翡翠珠（斑叶）

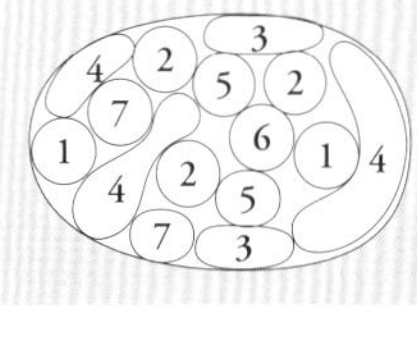

植物清单（高花盆）

1 厚叶石莲花（月影）
2 苍白景天
3 玉米石“珊瑚地毯（Coral Carpet）”
4 拟景天“三原色（Tricolor）”
5 姬胧月
6 翡翠珠（斑叶）
7 小球玫瑰

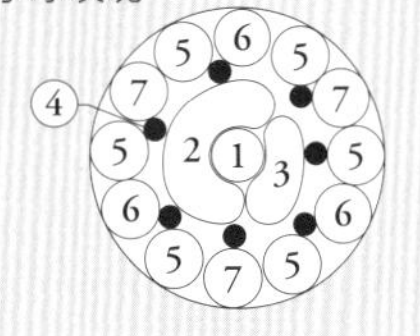

各色形状张弛有度，可充分欣赏独特的质感

在两个小花盆中种植各种各样的多肉植物，搭配杂物，使之形成园中一景。以存在感强的银绿色品种为主角，紫红色的小球玫瑰作为配角。白色花盆衬托着细腻的绿色渐变效果，使作品呈现洁净感。

方案设计者
今村初惠女士（Flower Garden 绿园）

她提倡将两三株植物绑在一起种植，创作出线条流畅、自然的混栽作品。她创作的能长期保持美丽姿态的混栽作品获得很高评价。另外，她会不定期举办混栽讲习会。

专栏

让枝条变“流畅”是让混栽作品更美丽的诀窍

为了创作出美丽、有统一感的混栽作品，不仅要讲究色彩和形状，在花盆中营造出流畅的线条同样重要。这里将为您介绍注重流畅线条的混栽方法。

1. 先抖落苗上的土，然后适当统一植物的朝向，两株植物为一组，按照所需数量组合植物。
2. 用水苔轻轻卷起每一株植物的根部。（图A）
3. 观察枝条的伸展方向，将植物沿着一条流线种下。
4. 全部种好后，用水苔铺满土壤表面就完成了！（图B）

A

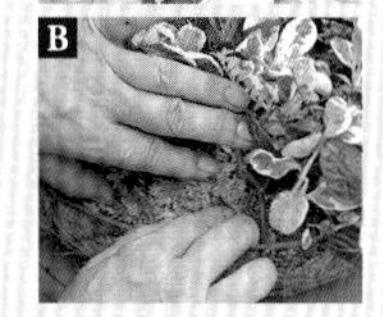
B

真正的美从此时开始
在阳光中闪闪发光的
多肉植物混栽

多肉植物的颜色和形状丰富，光线透过它们的叶子，展现出水润的美感，使之看起来就像有生命的宝石一样。搭配不同材料的花盆，多肉植物能展现出完全不同的“气质”，因此要根据希望营造出的氛围选择花盆。本部分将根据花盆的材质，向大家介绍有秋日气息的雅致搭配。

混栽方案：岛崎真有女士

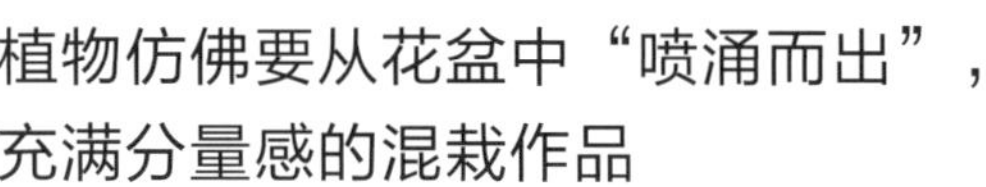

植物仿佛要从花盆中“喷涌而出”，充满分量感的混栽作品

在较大的杯形花盆中，以笔直向上伸展的树马齿苋的枝条为轴，搭配两种矮小的多肉植物。让小巧的叶子在花盆边缘的凹陷部位“溢出”，打造出充满动感的简洁作品。

植物清单

1 树马齿苋（金枝玉叶）
2 若绿
3 小球玫瑰

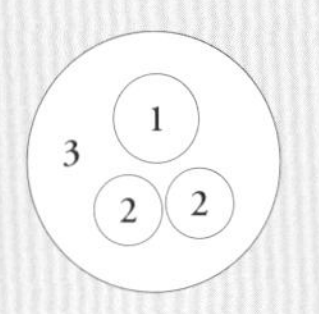

Natural Stone Container

天然石材花盆

天然石材花盆搭配多肉植物，营造出石头园林般的自然意趣。
造型独特的花盆与雕塑般的多肉植物搭配，可以形成立体工艺品般的趣味。

铁艺容器

铁给人坚硬的感觉，很适合用来衬托多肉植物雅致的色彩。黑色的铁艺容器能让植物整体显得紧凑，营造出洗练的成熟氛围。

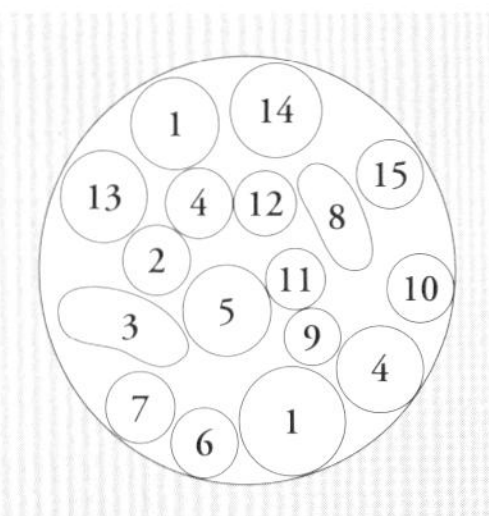

植物清单

1 紫珍珠
2 姬胧月
3 小球玫瑰
4 拟景天“三原色”
5 不死鸟锦（落地生根锦）
6 黄花新月（紫玄月）
7 紫丽玉
8 日本圆扇八宝
9 高砂之翁
10 乒乓福娘
11 筑波根
12 紫心
13 月兔耳
14 花鹤
15 花司

欣赏略带粉色的女性气息

铁艺容器中种满了茂盛的略带粉色的多肉植物。独特的质感和从银色到酒红色的细腻渐变色使之散发着温柔的气息。塞在花盆中的水苔营造出自然之感。

Glazed Pot

漆器花盆

漆器花盆富有光泽。为了避免花盆存在感过强，“风头”压过多肉植物，要使用颜色较暗淡的花盆，这才更衬托出多肉植物雅致的美。

叶色和株形个性十足的多肉植物与富有光泽的花盆形成绝妙对比

在姜黄色的漆器花盆中，笔直的深色的黑法师和姿态独特的仙女之舞（仙人扇）是主角。下方茂盛的多肉植物略带红色，形成了完美的平衡感，让整体有统一感。

植物清单

1 黑法师
2 紫珍珠
3 红司
4 紫叶的日本圆扇八宝
5 小球玫瑰
6 仙女之舞
7 江户紫锦

花盆 1

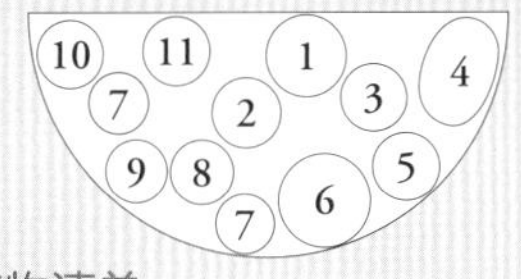

植物清单

1 长茎景天
2 落地生根杂交种“子宝草”
3 醉斜阳
4 日本圆扇八宝
5 红司
6 火祭
7 南方景天
8 姬胧月
9 紫丽玉
10 包叶瓦苇
11 花筏

花盆 2

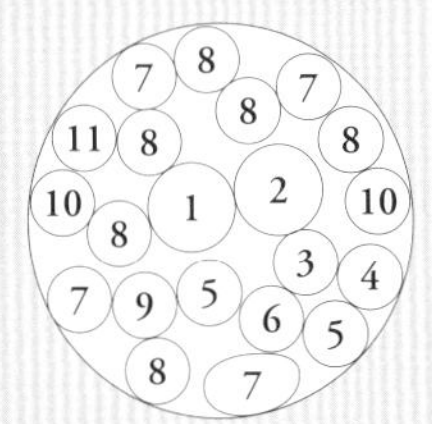

植物清单

1 不死鸟锦（落地生根锦）
2 落地生根杂交种“子宝草”
3 凌绿十二卷
4 拟景天“三原色”
5 尖尾景天
6 玉石景天
7 苍白景天
8 福兔耳（黑兔耳）
9 姬胧月
10 黄花新月
11 花筏

用深绿色花盆打造出光洁美丽的景色

在一个小巧的花盆和一个挂式花盆中种着各种各样的多肉植物。漆器花盆和多肉植物的光泽相辅相成，绽放出美丽的光辉。两盆混栽作品中不同色调的多肉植物营造出变化，可以享受组合它们的乐趣。

木质花盆

木质花盆的魅力在于它散发着朴素温暖的气息。用它种植多肉植物能欣赏到它们自然的姿态。虽然多肉植物十分小巧，但多种一些也能呈现出分量感。

用多肉植物“织出”的迷你织锦花园

这是木桶中铺满了各种各样的多肉植物，能让人联想到织锦的混栽作品。以存在感强、个性鲜明的植物作为亮点，用纤细的叶子填充缝隙，打造出张弛有度的作品。

植物清单

1 铭月
2 群月冠（*Echeveria*‘Gungekkan’）
3 舞乙女
4 玉米石（黄色品种）
5 姬胧月
6 小球玫瑰
7 四芒景天
8 姬星美人
9 花叶圆叶万年青
10 黄金圆叶景天
11 玉吊钟锦（蝴蝶之舞）
12 若绿
13 拟景天“三原色”
14 长生草
15 小天狗
16 黄花新月
17 紫八宝“琳达·温莎（Lynda Windsor）”
18 落地生根杂交种“子宝草”
19 赫丽
20 长茎景天
21 反曲景天
22 宝树
23 松叶景天
24 乙姬
25 大唐米
26 虹之玉
27 玉米石“珊瑚地毯”
28 松叶菊
29 玉米石

植物清单

1 黛比
2 星美人
3 凌绿十二卷
4 花筏
5 秋丽
6 胧月
7 立田
8 紫叶的日本圆扇八宝

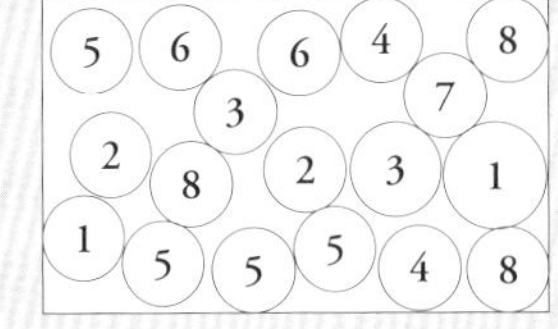

如花般的多肉植物令人心情愉悦

集中种植叶子像玫瑰花一样展开的多肉植物，展现出热闹的、花箱风格的景色。仿佛覆了一层粉末的叶子与白色的花器搭配和谐。在侧面用水苔固定土壤。

方案设计者……

岛崎真有女士

（涩谷园艺 相模原店 Mariposa）

她负责进货、销售、混栽咨询等和植物相关的工作，擅长设计自然、落落大方的风格。

专栏

秋天正适合用多肉植物创作混栽作品

这个时期气温开始下降，推荐用多肉植物创作混栽作品。因为春夏两季植物生长旺盛，枝叶不断伸长，作品容易显得杂乱。而秋天植物的生长速度渐缓，到了冬天有些植物则会停止生长，因此可以长时间欣赏它们的美丽姿态。另外，很多多肉植物在冷空气中颜色会变鲜艳，令人心情愉快。不过，隆冬时节必须要注意防寒，以免植物被冻伤。

冬天的混栽

如花般娇艳是其魅力所在
以羽衣甘蓝为主角的冬日混栽

色彩丰富的羽衣甘蓝品种，如花朵般的姿态能为冬季增添华丽的气息。因为羽衣甘蓝种类繁多，既有看起来温和的品种，也有视觉冲击力强的品种，因此它适用于任何风格的混栽，是很“可靠”的植物。本部分将根据不同的目标氛围，介绍风格各异的植物组合。

混栽方案：上田广树先生

主要植物

羽衣甘蓝（鲜切花品种）

仿佛撒了砂糖般温柔甜美的色彩搭配

使用婴儿粉色系的小型羽衣甘蓝，将稍大的植株放在中间，小的植株搭配在周围。羽衣甘蓝如花般的植株与线条纤细的银色茎叶共同营造出喷涌而出的氛围。克里特百脉根精巧的叶子营造出如雪花散落般的冬日气息。

植物清单

1 羽衣甘蓝（鲜切花品种）
2 野芝麻
3 香雪球
4 克里特百脉根
5 百里香“长木（Longwood）”

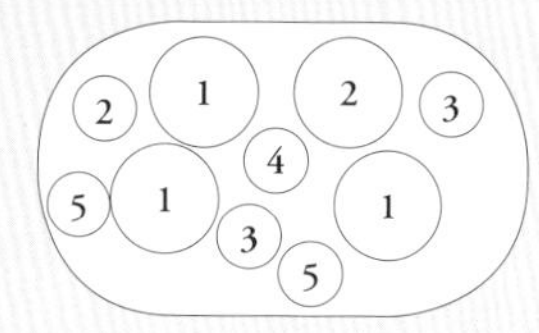

高角度拍摄

※ 使用了能在一个花盆中种植数棵的羽衣甘蓝。

令人联想到法式花束的半球状混栽作品

使用叶子边缘有褶皱的羽衣甘蓝品种，以法式花束的风格种植植物。在羽衣甘蓝之间加入带斑纹的蚕叶婆婆纳“米菲·布鲁特”，可营造出轻快的跃动感。车轴草的茎叶伸展、下垂，呈现出野性。

植物清单

1 羽衣甘蓝（圆叶品种）
2 车轴草“淡酒（Tint Wine）”
3 车轴草“淡色玫瑰（Tint Rose）”
4 蚕叶婆婆纳“米菲·布鲁特（Miffy Brute）”
5 常春藤

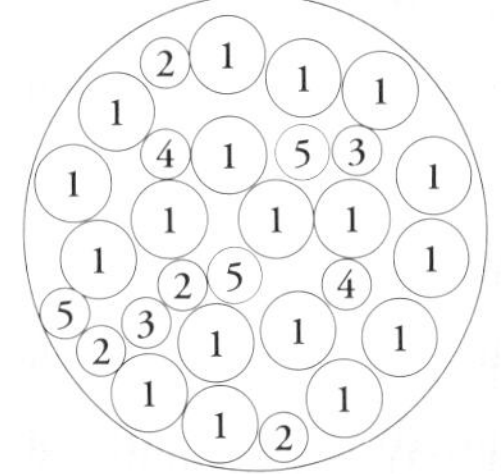

高角度拍摄

主要植物

羽衣甘蓝（圆叶品种）

蓬松、柔和的混栽作品

羽衣甘蓝的渐变叶色很美，搭配线条纤细的藤蔓和精巧的叶子，统一使用淡淡的色彩后作品能散发出高雅柔和的气质。

展现愉快氛围的混栽作品

这盆混栽作品用重点花色增加了节奏感，用繁盛的形态点亮了整个空间。另外，借助花盆的色彩也是一个办法，不过，重点在于谨慎添加调和色。

点缀维生素色，营造出生动活泼的气氛

将几种百搭的、色彩柔和的羽衣甘蓝与颜色鲜艳的三色堇和其他植物组合成一盆充满活力的混栽作品。亚洲络石“黄金锦”富有光泽的黄色叶子和双色的三色堇增强了这盆植物的视觉冲击力。圆叶的羽衣甘蓝旋转卷起的形态也有效地发挥了“调味剂”的作用。

植物清单

1 羽衣甘蓝“冬日樱桃（Winter Cherry）”
  羽衣甘蓝“双色火炬（Bicolor Torch）”
2 羽衣甘蓝（鲜切花品种）
3 柏木“春日黄金（Spring Gold）”
4 园艺仙客来
5 三色堇“小橘子”
6 斑叶雪朵花“天使花”
7 四叶的车轴草
8 香雪球
9 短舌匹菊
10 三色堇
11 亚洲络石“黄金锦（Gold Brocade）”

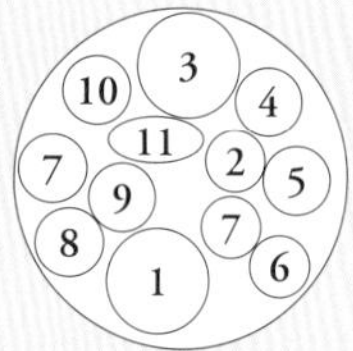

高角度拍摄

※ 在一盆中种植了一株羽衣甘蓝“冬日樱桃”和两株羽衣甘蓝“双色火炬”。

主要植物

羽衣甘蓝“双色火炬”

羽衣甘蓝“冬日樱桃”

羽衣甘蓝（鲜切花品种）

主要植物

羽衣甘蓝
（鲜切花品种）

羽衣甘蓝“画眉”
（圆叶品种）

植物清单

1 羽衣甘蓝（鲜切花品种）
2 羽衣甘蓝“画眉”（圆叶品种）
3 三色堇“纯黄精灵（Clear Yellow Imp）”
4 香雪球（白色、紫色）
5 三色堇“粉色古典（Pink Antique）”
6 三色堇“薰衣草色调（Lavender Shades）”
7 三色堇“紫罗兰（Violet）”
8 阔叶百里香“福克斯利”
9 硬毛百脉根“硫黄”
10 大岛苔草

侧面拍摄

大大小小的羽叶甘蓝错落有致地分布其上的花环

以羽衣甘蓝和三色堇作为主角，打造出环状吊篮。使用多种大小不同的羽衣甘蓝来增加强弱对比，完成一个华丽的混栽作品。在羽衣甘蓝间用小花小叶的植物衔接。大岛苔草纤细的叶子在拥挤的植物中伸展出来，给作品带来轻快的跃动感。

给人沉静之感的混栽作品

为了展现雅致成熟的风格，使用深色调的叶子和花朵来起到视觉收缩的效果。为了不让混栽作品过于昏暗，加入了明亮的色调制造出张弛有度的色彩变化。

这盆吊篮的魅力在于叶色和纹理营造出的阴影效果

发黑的酒红色羽衣甘蓝“黑天鹅”是这盆作品的主角。同样是紫红色，质感更柔软的芥菜和甜菜“公牛血”营造出了美丽的“阴影”。以此为基础，搭配对比鲜明的亮色羽衣甘蓝和三色堇，使之成为“高光”。红叶的常春藤和亚洲络石枝条下垂，增加了温暖和沉静之感。

植物清单

1 羽衣甘蓝“黑天鹅（Black Swan）”
2 羽衣甘蓝“黑珍珠（Black Peal）”
3 羽衣甘蓝（鲜切花品种）
4 三色堇“卷曲热情勃艮第渐变（Frizzle Sizzle Burgundy Shade）”
5 芥菜
6 甜菜“公牛血”
7 红脉酸模
8 长叶木藜芦
9 车轴草“淡酒”
10 常春藤
11 亚洲络石

其他角度拍摄

侧面

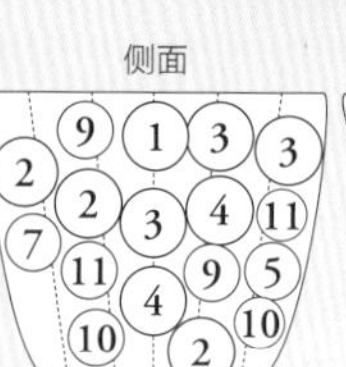

上面

※ 使用了带 5 条缝的吊篮。

主要植物

羽衣甘蓝“黑天鹅”

羽衣甘蓝“黑珍珠”

羽衣甘蓝（鲜切花品种）

主要植物

羽衣甘蓝
（褶边品种）

羽衣甘蓝
（鲜切花品种）

搭配不同质感的叶子，享受高雅之美

这是一个以形状美丽的褶边的羽衣甘蓝与鲜切花品种的羽衣甘蓝为主角，可欣赏亚光质感的混栽作品。加入古铜色的金属质感的矾根和干枯质感的秋叶果，可营造出更加古典的情趣。长方形篮子侧面的大灰藓使作品呈现湿润的清新感。

植物清单

1 羽衣甘蓝（褶边品种）
2 羽衣甘蓝（鲜切花品种）
3 狭花天竺葵（*Pelargonium Sidoides*）
4 香雪球
5 车轴草“淡色玫瑰”
6 秋叶果
7 临时救“午夜太阳”
8 矾根
9 无刺猥莓“紫红（Purpurea）”

高角度拍摄

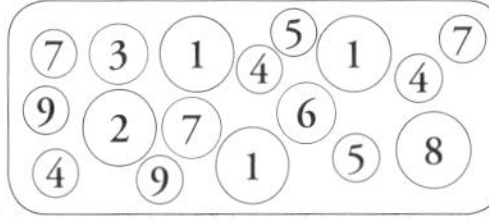

专栏

从暮秋到冬天形状不变的羽衣甘蓝

温度到达 15℃以上时，羽衣甘蓝会开始生长。它们冬天基本处于休眠状态，所以不需要担心植株会横向或纵向生长。栽种时不需要考虑生长状况而在植株间留下空隙，将它们紧紧种在一起也没关系。刚种好时就能欣赏到像花艺作品一样完成度很高的混栽作品。

种植羽衣甘蓝时，可让植株最外侧的叶片相接，不需要留下空隙。

右图是用小花连接羽衣甘蓝的情况。春天，小花盛开的同时，羽衣甘蓝也逐渐伸展叶片。

方案设计者
上田广树先生（花店 半边莲）

上田先生擅长很多类型的混栽设计，在店里能看到他的众多混栽作品。他还活跃于园艺杂志与电视节目中。

自然
和
雅致

呼唤即将到来的春天

小花可人、令人愉悦的混栽

冬季是寒风刺骨、色彩黯淡的季节，人人都在等待春日明媚风景的到来。在这样的季节中，用让人心情愉快的混栽作品装点春天到来前的庭院吧。本部分将按照装饰的地点、“自然”和“雅致”两种主题分别提供建议。

混栽方案：伊丹雅典先生

Natural 自然

细 节

略带黄色的硬毛百脉根“硫黄”和斑叶的花叶圆叶万年青小巧的叶子带来了明快感和可爱感，营造出柔和的氛围。

从花盆边缘“溢出”的景天与常春藤共同覆盖了土壤和花盆边缘。不同大小和质感的叶子营造出张弛有度的层次感。

组合纤细的草花，享受优美的景色

以紫罗兰色的雪朵花为主角，搭配线条纤细的硬毛百脉根“硫黄”与花叶圆叶万年青，让整体呈现蓬松舒展的状态。色彩暗淡的花盆衬托了草花的鲜艳色泽。充分利用洋常春藤“白雪公主”绿色叶子的渐变色，打造出“表情”丰富的混栽作品。

植物清单

1 雪朵花
2 洋常春藤“白雪公主”
3 花叶圆叶万年青
4 硬毛百脉根“硫黄”

装饰小小的角落

用架子和椅子代替花台，放上小巧的混栽作品装饰容易成为死角的角落吧。只需要加入一些杂货画龙点睛，景色就一下子变得出色了。

细节

左图中的是花瓣呈波浪形，个性十足的仙客来品种。它优美的姿态决定了整个混栽作品的氛围。

斑叶千叶兰、薜荔、拟景天——颜色和大小各异的圆叶植物组合营造出纤细的氛围。

临时救“午夜太阳”和匍匐筋骨草“勃艮第之光”的紫红色的叶色给渐变的绿色增加了层次感。茂盛的形态营造出安定感。

用叶子的细微差别
衬托主角的优雅姿态

在复古的杯形花盆中种满了色彩有细微差别的花草，打造出一盆雅致的混栽作品。主角是有优雅的褶皱花瓣的仙客来“迷你薇拉 F1”。叶脉泛白的深绿色叶子衬托出纯白色花朵的美丽。搭配匍匐的藤蔓，增加了动感。

植物清单

1 仙客来“迷你薇拉 F1（Miniwella F1）”
2 临时救“午夜太阳”
3 薜荔
4 匍匐筋骨草“勃艮第之光（Burgundy Glow）”
5 斑叶千叶兰
6 拟景天

细 节

银叶的克里特百脉根铺开来，让温馨的植物“紧紧相连”。蓼的藤蔓为作品增加了自然气息。

金属质感的野芝麻和斑叶的柃木“残雪”，在一片绿色中为作品增加了别样的韵味。搭配香雪球的小花可以增加明快感。

黄色的三色堇是主角，在茂盛的苔草中若隐若现，突出了自然的姿态。

Natural 自然

让人联想到春日草地，描绘出田园牧歌般的场景

这是使用了带水龙头装饰的花盆，充满童趣的混栽作品。搭配以流畅线条为特点的苔草和藤蔓奔放的多花素馨“银河系”，让人联想到涌出盆子的水。大量使用形状、颜色不同的绿叶以衬托深浅不同的基础色调“黄色”。这种简洁的配色拥有丰富的表现力。

植物清单

1 三色堇（黄色）
2 香雪球（奶油色）
3 野芝麻
4 大岛苔草
5 斑叶柃木“残雪”
6 多花素馨“银河系”
7 克里特百脉根
8 蓼

为入口增光添彩

玄关周围的景色能大大左右客人对房子的印象，会是您希望能始终保持完美的地方。用存在感强、整洁的混栽作品装饰此处，可以营造清爽华丽的场景。

Chic 雅致

植物清单

1 蓝盆花“蓝气球（Blue Balloon）”
2 鹅河菊“姬小菊 · 紫罗兰”
3 欧石南
4 亚洲络石“五色葛（Gosikikazura）”
5 高山悬钩子
6 大叶醉鱼草“纪念日（Anniversary）”
7 白三叶（深色品种）
8 克里特百脉根
9 黑沿阶草

细节

作品周围围上了椰壳纤维。椰壳纤维盖住绿色花盆和土壤，成为亚洲络石“五色葛”和克里特百脉根纤细藤蔓的背景，增加了柔和的氛围。

黑沿阶草和白三叶的深色叶子与大叶醉鱼草“纪念日”和克里特百脉根的银色叶子形成对比，营造出高冷的成熟感。

雅致与可爱并存，富于表现力的混栽作品

用紫色和黑色的成熟配色衬托小花小叶的可爱。选择了花茎舒展，茎叶纤细的蓝盆花与鹅河菊等，让整体形态显得轻盈。后方向上竖起的白花欧石南减弱了方形花盆的重量感。

装扮寂寥的庭院空间

可在落叶树的枝条和棚架下装饰吊挂型的花篮，让缺乏色彩的冬日庭院显得华丽。请配合空间的大小和氛围选择容器，欣赏令人印象深刻的景致吧。

将花篮挂在庭院树粗壮的树枝上，能为寂寥的空间增添色彩。植物长到枝繁叶茂时，景色将更宜人。

细 节

野草莓伸出的纤细花茎上开着白色小花，与有锯齿状边缘的朴素叶片共同增加了可爱之感。

常春藤和蜡菊在花篮一角伸出蓬松的枝叶。柔软的藤蔓和略带银色的叶子增加了明快感。

植物清单

1 报春花“桃子奶酥”
2 帚石南
3 野草莓
4 常春藤“迷你银蒂卡（Mini Silver Tika）”
5 蜡菊“银星（Silver Star）”

为冬日庭院增添温暖，春色满满的花篮

优雅的白色花篮中混合种植了花色温暖的报春花“桃子奶酥”和帚石南。报春花“桃子奶酥”和帚石南的颗粒状花朵虽小巧却华丽，相映生辉。这盆在阳光下闪闪发光的混栽作品宛如宝石箱一样美丽。这种设计适合从较高的地方俯视花篮，因此要将之挂在较低的位置欣赏。

Chic 雅致

植物清单

1 黑沿阶草
2 马蹄金
3 阔叶百里香“福克斯利”
4 临时救“午夜太阳”

冷色系的配色
突显出绿色的美感

这是在散发着冷硬气息的铁质吊篮中搭配四种叶子，简洁、充满阳刚气息的混栽作品。黑沿阶草的黑色叶子连接了铁质花盆和其他植物。这个作品既适合自然风格的庭院，也很适合未加修饰的由混凝土浇筑的现代空间。

细节

用黑沿阶草和马蹄金增加动感，用临时救“午夜太阳”增加分量感。填补空隙的阔叶百里香“福克斯利”的小叶将所有植物完美地连接起来。配合使用椰壳纤维可提升自然感。

方案设计者

伊丹雅典先生

他是园艺商店 L'Isle-sur-la-Ring 的管理者。店里有丰富的古董和复古风杂货，以及精选出的符合复古风的植物。不仅仅是柔和氛围的混栽作品，伊丹雅典先生在庭院施工方面也深受好评。

给落叶后的寂寥庭院增添情趣
充分利用叶子，光彩照人的混栽

混栽作品可以给冬天植物枯萎的庭院增光添彩。这个季节绿色植物较少，因此只由花卉组成的作品显得过于轻佻。尽量搭配绿色植物，打造出水灵娇嫩的景色吧。本部分作品是用三种很适合冬天使用的容器搭配花草设计出来的。

混栽方案：*Garden&Garden* 编辑部 井上园子女士　摄影协助：Tender Cuddle

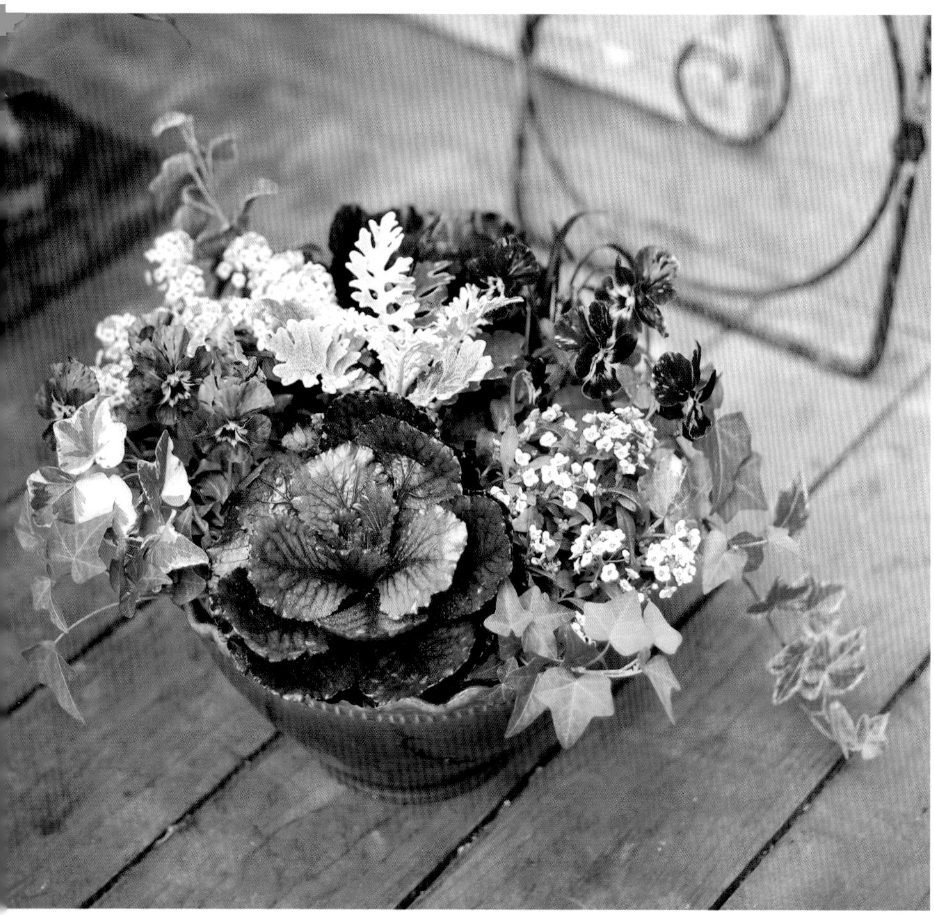

植物清单

1 羽衣甘蓝
2 三色堇
3 香雪球
4 雪叶菊
5 常春藤
6 黑沿阶草

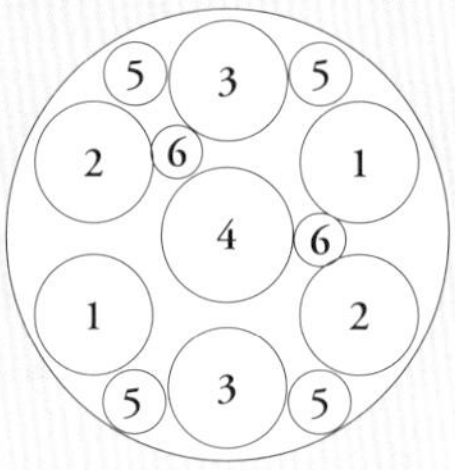

高角度拍摄

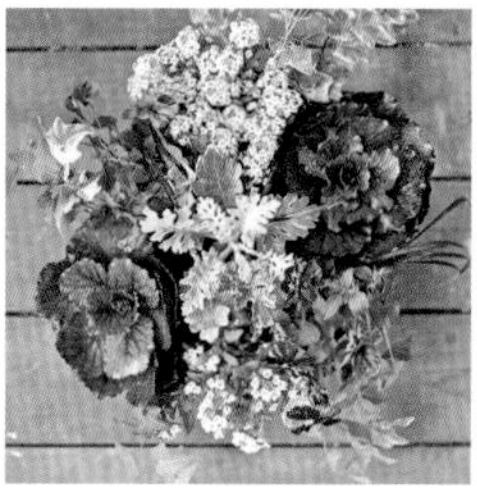

容器和植物富有光泽的绿色相映生辉

在富有光泽的深绿色花盆中搭配叶子颜色浓郁的羽衣甘蓝，以及天鹅绒质感的三色堇，由此组成了有层次感的混栽作品。香雪球和有白斑的常春藤增添了轻快与明亮之感，黑沿阶草则让整体显得紧凑。

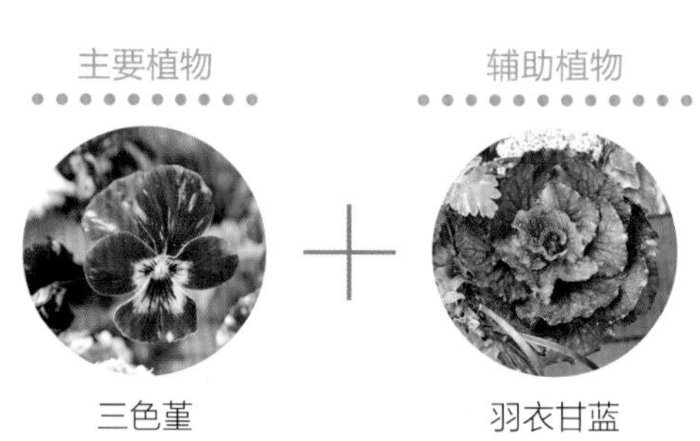

三色堇　羽衣甘蓝

植物清单

1 三色堇
2 羽衣甘蓝
3 钟南苏
4 榄叶菊“银骑士”（*Olearia lepidophylla* ‘Silver Knight’）
5 千叶兰
6 常春藤

高角度拍摄

柔和的色彩搭配与雅致的花盆“一拍即合”

绿色叶子包围着浅粉色和浅蓝色的淡色小花。植物与只有下半部上釉的花盆融为一体，作品像花束一样。中间的钟南苏增加了作品的高度和跃动感，千叶兰向四面八方散开，让作品更有光泽，愈发轻盈。

主要植物

三色堇

＋

辅助植物

羽衣甘蓝

富有光泽的漆器花盆

不同釉色和款式的漆器能够呈现出各种各样的氛围。

把花盆的光泽当作花叶的质感之一，如果搭配得好，能够让整体愈发美丽。

自然的花篮

由藤蔓和铁丝等“编制”而成的花篮显得轻盈。
将之放在桌子或长椅等家具上，能够享受到插花的乐趣。

主要植物

园艺仙客来（白色）

＋

辅助植物

羽衣甘蓝

植物清单

1 茵芋
2 园艺仙客来（白色）
3 羽衣甘蓝
4 榄叶菊
5 常春藤
6 黑沿阶草

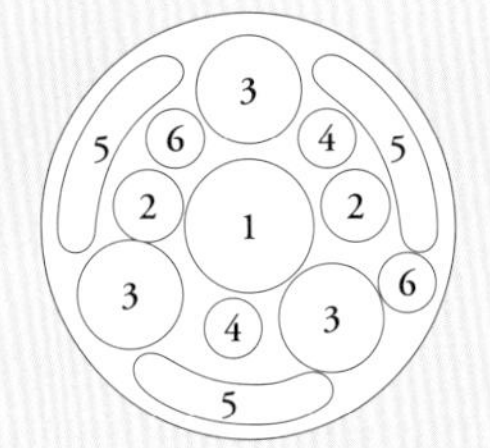

高角度拍摄

充分体现出白花和绿色的纯净感

使用了带烛台的铁艺花篮。中间是颜色微妙而美丽的茵芋，白花和银叶包围着它。黑沿阶草连接起金属烛台和植物，常春藤的藤蔓奔放地下垂。加上蜡烛后能增添复古气息。

主要植物

羽衣甘蓝“黑俄罗斯”

辅助植物

报春花“麝香葡萄果冻”

活用让人联想到黑玫瑰的植物，充满戏剧性的花环

植物清单

1 报春花“麝香葡萄果冻”
2 三色堇（白色）
3 香雪球
4 羽衣甘蓝“黑俄罗斯（Black Russian）”
5 榄叶菊（*Olearia axillaris*）
6 白三叶“巧克力色（Tint Chocolate）”
7 常春藤

深色的羽衣甘蓝“黑俄罗斯”（品种名或是取自鸡尾酒“黑俄罗斯”）有一种神秘的美感，与报春花“麝香葡萄果冻”和三色堇的明亮花色形成鲜明对比。榄叶菊则为花环增添了轻盈感。这个花环完全改变了环境给人的印象，鲜艳而成熟。

亚光质感的花盆

用没有光泽的材料和涂料制成的花盆，朴素而沉静，能轻易与植物搭配，突显出植物的娇嫩水灵。

有效利用深色打造雅致、华丽的混栽作品

主角是和花盆有同样质感的紫甘蓝，其形状极具装饰性。这是一个可以欣赏紫色系的叶子和花的作品。点缀其中的淡色小花衬托了作品的美丽。如果将其装饰在绿意盎然的地方，可以突显出美丽的渐变色。

主要植物　　辅助植物

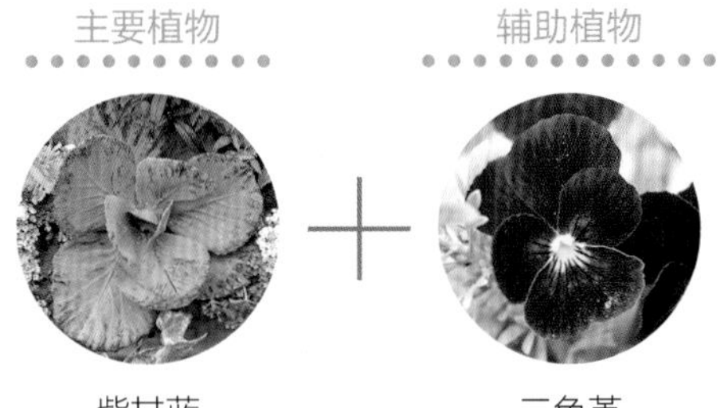

紫甘蓝　　三色堇

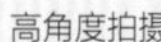

植物清单

1 三色堇
2 香雪球
3 龙面花
4 铜叶金鱼草
5 紫甘蓝
6 羽衣甘蓝
7 芙蓉菊
8 榄叶菊（*Olearia axillaris*）
9 常春藤

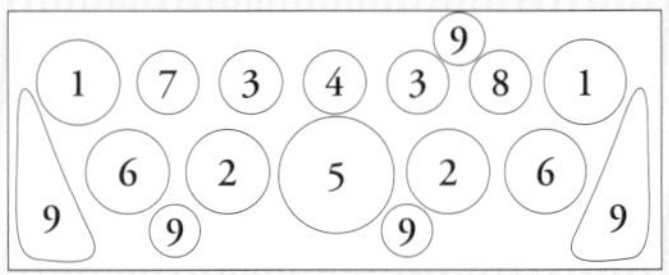

主要植物

黑嚏根草

辅助植物

矾根“青柠瑞奇”

纤细的绿色茎叶中 楚楚可人的花朵惹人怜爱

以黄叶和带斑纹的叶子的柔和绿色为背景，黑嚏根草的透明感十分抢眼。前面柔顺的藤蔓自然垂下，一旁白三叶（深色品种）的黑色叶子点缀其间。略微带着青苔的花盆与颇有野趣的植物十分相称。

植物清单

1 黑嚏根草
2 矾根“青柠瑞奇（Lime Rickey）”
3 硬毛百脉根“硫黄”
4 圆叶过路黄
5 冠花豆（斑叶）
6 白三叶（深色品种）
7 斑叶冬青卫矛（大叶黄扬）
8 常春藤

高角度拍摄

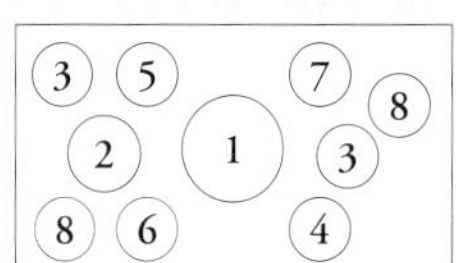

专栏

加入常春藤营造氛围

常春藤能为混栽作品增添清新气息。大多数情况下，在 3~4 号花盆中售卖的花苗多有长有短，一盆 5 株的情况居多。在混栽作品中使用时可以两株一组，种在不同的位置。常春藤能增加盆栽整体的分量感，并赋予它柔韧的跃动感。常春藤叶子颜色丰富，因此要选择最能突出主要花卉的种类。

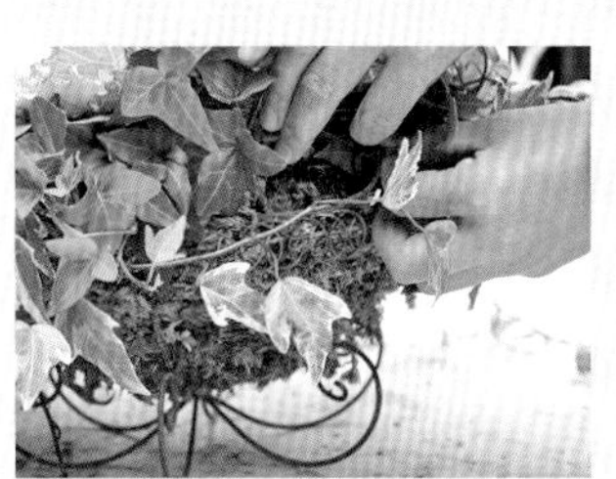

将较长的常春藤藤蔓缠绕在花盆周围会很美丽，还可以隐藏根部的土壤。缠绕时可以将藤蔓挂在其他植物上，或者用 U 形卡子固定。

< 多种多样的常春藤 >

提前享受春天的冬日宝石箱

用三色堇装点的华丽混栽

从成熟的色彩到充满活力的维生素色，三色堇的花色多种多样。混栽时，选择不同种类的花朵能让人欣赏到丰富多彩的风格。本部分作品的主题是“可爱”和“优雅”。

混栽方案：真海真弓女士　三色堇花苗协助：SAKATA SEED　摄影协助：Keio Floral Garden Ange

三色堇

三色堇
“盛花三色堇 樱桃”

三色堇
“弗洛纳 薰衣草粉”

增趣植物

亚洲络石“初雪”

用成熟的花色控制甜美度，小花“喷涌而出”的可爱盒子

这个作品以樱桃红色的三色堇为中心，周围聚集着盛开的草花，给人温柔的印象。虽然搭配了深沉的花色，不过零散的小花和杂货的组合仍使作品显得很可爱。配合场景改变黑板上的文字也会很有趣。

植物清单

1 三色堇“盛花三色堇 樱桃”
2 三色堇“弗洛纳 薰衣草粉”
3 香雪球
4 亚洲络石“初雪”

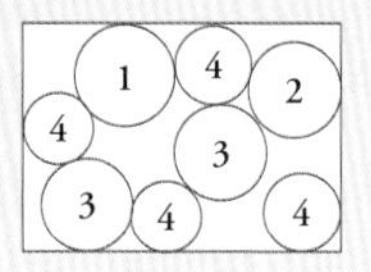

三色堇

三色堇
“彩虹三色堇 甜心”

三色堇
“彩虹三色堇 情人月”

三色堇
“如画三色堇 缪尔”

增趣植物

朱丽报春

用鲜艳的配色打造出充满活力的明快花环

聚集深色的三色堇以增强视觉冲击力，再加入浅紫色和杏色等色彩明亮的草花，形成鲜艳的色调。搭配涂上浅蓝色条纹的花盆，在衬托草花清新之感的同时营造出愉快的氛围。

植物清单

1 三色堇“彩虹三色堇 甜心”
2 三色堇“彩虹三色堇 情人月”
3 三色堇“如画三色堇 缪尔”
4 朱丽报春
5 蓝盆花“蓝气球”
6 阔叶百里香“福克斯利”
7 车轴草“淡色玫瑰”
8 千叶兰
9 斑叶素馨
10 雪朵花

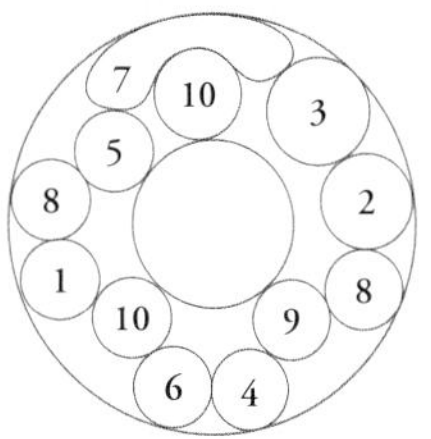

表现可爱的方法不仅是搭配明亮的花色。使作品形态呈现跃动感，融入愉快的故事情节也能打造出可爱的混栽作品。不过要注意，不能过于孩子气。

三色堇

三色堇
“如画三色堇 帕尔姆”

三色堇
“如画三色堇 缪尔”

三色堇“草莓牛奶”

增趣植物

羽衣甘蓝
“露西尔葡萄酒”

春意盎然的小小花田

在做旧风格的花盆中搭配色彩柔和的草花。后方的是用小树枝做成的栅栏，“描绘”出闲适的景色。为了不显得过于朴素，用花瓣呈褶皱状的三色堇增添了轻盈的甜美感，利用铜色叶片让整体更加紧凑。

植物清单

1 三色堇“如画三色堇 帕尔姆”
2 三色堇“如画三色堇 缪尔”
3 三色堇“草莓牛奶”
4 帚石南“花园女孩（Garden Girls）”
5 勋章菊
6 铜叶金鱼草
7 羽衣甘蓝“露西尔葡萄酒（Lucille Wine）”
8 槐
9 车轴草
10 榄叶菊“白金”（*Olearia axillaris* ‘Platinum’）
11 朱蕉

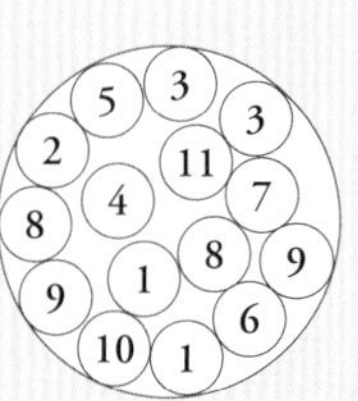

如果追求成熟的氛围，可以选择色彩雅致的花卉作为主角，搭配银色或铜色的叶子以给人沉稳的印象。婀娜的花形也能营造出优美的氛围。当然，选择合适的花盆也很重要。

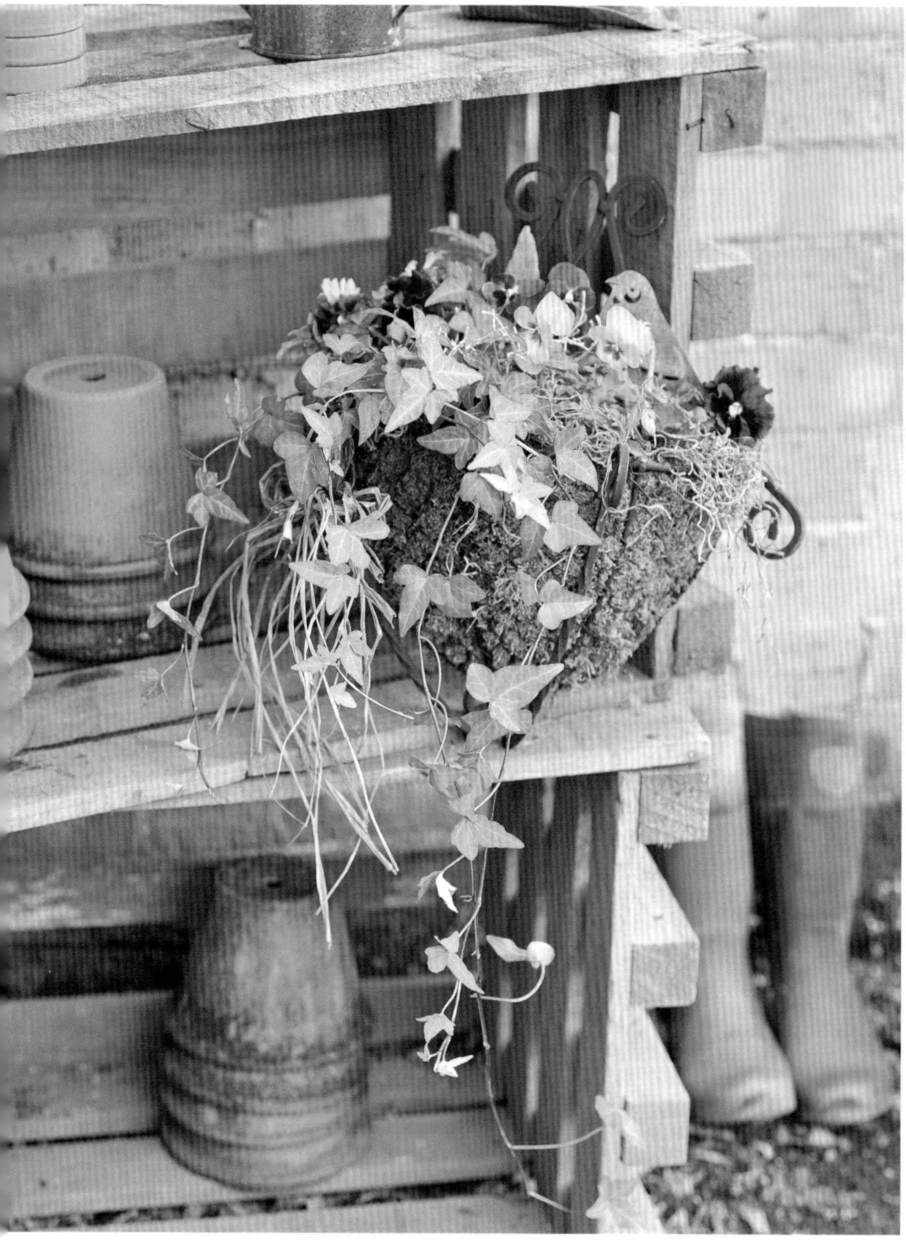

三色堇

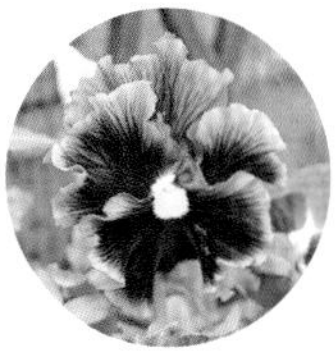

三色堇
“如画三色堇 玛丽娜”

三色堇
“盛花三色堇 樱桃”

三色堇
“盛花三色堇 桃子”

增趣植物

雪叶菊

铁艺花篮与三色堇争相散发优雅气息

弧形铁艺花篮中搭配了花形简洁雅致的三色堇，呈现出高雅的气息。深蓝色的三色堇连接起铁艺花篮和植物，让整体显得紧凑。常春藤的茎叶增添了优美的动感。

植物清单

1 三色堇“如画三色堇 玛丽娜”
2 三色堇“盛花三色堇 樱桃”
3 三色堇“盛花三色堇 桃子”
4 雪叶菊
5 常春藤
6 榄叶菊“白金”

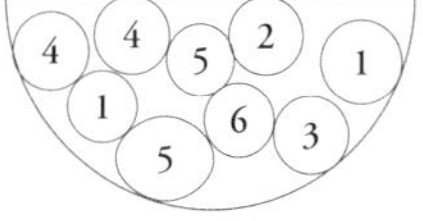

在严寒冬日颇显高冷的色彩搭配

银色网状花篮中搭配以冷色调为主的植物，散发着成熟气息的混栽作品。三色堇鲜艳的花色和羽衣甘蓝的坚硬质感给混栽作品增加了透明感。斑叶素馨的枝条从生长茂盛的花草中伸出，使花篮整体更加奔放。

植物清单

1 三色堇“彩虹三色堇 天使粉”
2 三色堇“弗洛纳 薰衣草粉”
3 屈曲花
4 羽衣甘蓝
5 阔叶百里香“福克斯利”
6 矾根
7 斑叶素馨

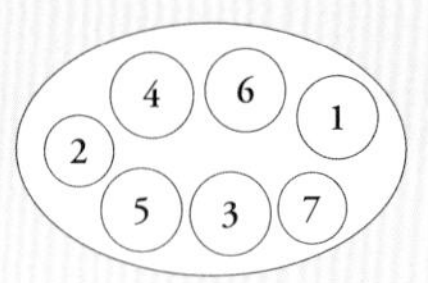

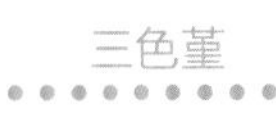

三色堇“彩虹三色堇 天使粉”

三色堇“弗洛纳 薰衣草粉”

增趣植物

羽衣甘蓝

能够欣赏到装饰之美的混栽作品

这是以三色堇为主角，只搭配两种叶子的简洁小盆混栽作品。将其装在鸟笼形状的花篮中，能够欣赏到整体的优雅姿态。车轴草“淡色玫瑰”的铜色叶色与三色堇的花色共同让作品整体更加紧凑。伸出花篮的斑叶素馨为整体造型增加了亮点。

植物清单

1 三色堇“如画三色堇 太阳”
2 车轴草“淡色玫瑰”
3 斑叶素馨
4 铁兰

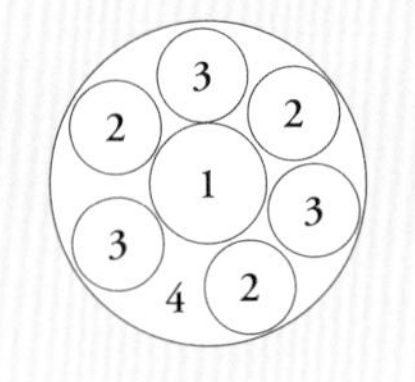

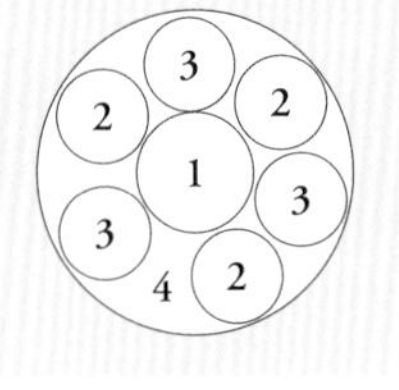

三色堇

三色堇“如画三色堇 太阳”

增趣植物

车轴草“淡色玫瑰”

让混栽作品更加可爱的杂货搭配创意

本页中介绍的混栽作品都自然地增添了一些杂货作为装饰。只需要一点点搭配创意，混栽作品的风格就能丰富很多。下面就来看看杂货的使用方法吧。

1. 小花盆

蓝白相间的条纹呈现出明朗愉快的氛围。为了不让罐子倒下，要将其用铁丝固定。

2. 叉子

用铁丝将叉子固定成摆在花盆边缘的样子，可增添朴素的可爱气息。

3. 小树枝

插上几根小树枝，缠上拉菲草绳，做成类似于栅栏的样子，可增加自然气息。

4. 拉菲草绳

将灰粉色的拉菲草绳打成蝴蝶结，用铁丝固定在铁艺花篮上，可增加华丽度。

5. 指示牌装饰

这个指示牌装饰就像竖立在国外街角的路标，混栽作品中的花朵仿佛成了街道一角的一道风景。

6. 小鸟装饰

薄薄的铁质小鸟形装饰让花盆有了自己的故事。锈迹也是一种韵味。

专栏

为了长时间欣赏三色堇

三色堇会从暮秋时节一直开放到来年春天。只需要及时摘下残花就能在一定程度上延长观赏时间。如果出现徒长现象，就要进行修剪。如果从靠近根部长势旺盛的位置剪断小枝，花期就能一直持续到来年暮春。重点是注意追肥，不要让植物断肥。

方案设计者

真海真弓女士

她擅长充分利用园艺设计师的感性特质，打造像插花一样华丽的作品。另外，她还擅长利用杂物。她开办了插花和混栽的课堂。

Original Japanese title: 83 Container Gardens by Leading Gardeners
Copyright © 2015 MUSASHI BOOKS
Original Japanese edition published by MUSASHI BOOKS
Simplified Chinese translation rights arranged with MUSASHI BOOKS
through The English Agency (Japan) Ltd. and Shanghai To-Asia Culture Co., Ltd.

本书由株式会社エフジー武蔵授权机械工业出版社在中国大陆地区（不包括香港、澳门特别行政区及台湾地区）出版与发行。未经许可之出口，视为违反著作权法，将受法律之制裁。

北京市版权局著作权合同登记　图字：01-2019-5025 号。

图书在版编目（CIP）数据

花草为伴：17位人气园艺师的四季混栽提案 / 日本FG武藏编著；佟凡译. —北京：机械工业出版社，2022.10
（爱上组合盆栽）
ISBN 978-7-111-71366-1

Ⅰ. ①花…　Ⅱ. ①日…　②佟…　Ⅲ. ①观赏园艺
Ⅳ. ①S68

中国版本图书馆CIP数据核字（2022）第144380号

机械工业出版社（北京市百万庄大街22号　邮政编码100037）
策划编辑：于翠翠　　　责任编辑：于翠翠
责任校对：郑　婕　张　薇　　责任印制：郜　敏
北京瑞禾彩色印刷有限公司印刷

2022年10月第1版第1次印刷
187mm × 260mm · 6印张 · 2插页 · 103千字
标准书号：ISBN 978-7-111-71366-1
定价：59.80元

电话服务
客服电话：010-88361066
010-88379833
010-68326294

网络服务
机　工　官　网：www. cmpbook. com
机　工　官　博：weibo. com/cmp1952
金　　书　　网：www. golden-book. com
机工教育服务网：www. cmpedu. com

封底无防伪标均为盗版